BIANDIAN YUNWEI YITIHUA
ZUOYE SHILI

变电运维一体化

作业实例

主　　编　董建新

副 主 编　章建欢　程　泳　朱永昶

参编人员　郦于杰　胡俊华　罗世栋

　　　　　吴金祥　刘京辉　吴建伟

　　　　　计荣荣　裘浩伟　高　伟

　　　　　陈　欣　李海宇　张　波

中国电力出版社
CHINA ELECTRIC POWER PRESS

内 容 提 要

　　本书是关于变电运维一体化作业实例的专著，包含了作者多年来的现场实践、应用和缺陷处理案例，并融合了部分国内最新研究成果。

　　本书重点阐述了运维一体化项目的具体实施，删节了工作票办理等流程性工作的描述，节省了大量篇幅。本书突出作业重点及作业细节，本作业实例是对国家电网公司《关于推进变电运维一体化工作指导意见》的实际支撑。本书三十八项工作涵盖了超高压变电站一、二次设备的运行和维护工作，主要涉及变压器、断路器、隔离开关、避雷器、电容器、接地系统、防火防汛、防误操作、继电保护、自动化、测控、监控及同步时钟等运维一体化项目。

　　本书既可供现场运维人员、检修人员和工程技术人员使用，也可供电力调度、运维检修部、安全监察部等专业部门参考。

图书在版编目（CIP）数据

变电运维一体化作业实例/董建新主编. —北京：中国电力出版社，2017.6（2019.10重印）
ISBN 978 - 7 - 5198 - 0307 - 0

Ⅰ. ①变… Ⅱ. ①董… Ⅲ. ①变电所—电力系统运行②变电所—检修 Ⅳ. ①TM63

中国版本图书馆 CIP 数据核字（2017）第 011163 号

出版发行：中国电力出版社
地　　址：北京市东城区北京站西街 19 号（邮政编码 100005）
网　　址：http://www. cepp. sgcc. com. cn
责任编辑：孙　芳（010-63412381）
责任校对：王开云
装帧设计：王英磊　左　铭
责任印制：蔺义舟

印　　刷：北京瑞禾彩色印刷有限公司
版　　次：2017 年 6 月第一版
印　　次：2019 年10月北京第二次印刷
开　　本：710 毫米×980 毫米　16 开本
印　　张：10
字　　数：173 千字
定　　价：59.00 元

序

  《变电运维一体化作业实例》契合国家电网公司发展战略，是对提高员工一岗多能的有效实践。

  "运维一体化"是国家电网公司在 2013 年提出的一个新的作业模式，简单来讲，就是对传统的运行人员赋予更高的工作要求，要具备一定的设备检修和缺陷处理能力。

  《变电运维一体化作业实例》从内容来看，全面涵盖了"运维一体化"的工作要求；从深度来看，是对国家电网公司"运维一体化"工作要求的全面提升；从具体作业项目来看，源于现场实践，简洁明了，实用；从编写形式来看，图文并举，从作业前准备到危险点分析及预控，从操作步骤到注意事项，流程清晰、规范。

  《变电运维一体化作业实例》对指导现场工作的开展，尤其是将"运维一体化"不断引向深入，具有积极的意义，切实提高了应急响应效率，提高了人员利用率。

前 言

　　运维一体化工作是国网公司提出的在原有传统变电运行业务基础上，拓宽变电运维业务范围，建成运维一体化与检修专业化界面清晰、有机结合的高效变电运检工作体系，持续提升变电运维人员技能水平，提高变电运维效率和效益的新作业模式。

　　为落实国网公司《关于推进变电运维一体化工作指导意见》，确保运维一体化工作的有效、扎实开展，国网浙江省电力公司检修分公司（以下简称国网浙江检修公司）经过两年的实践与论证，组织编写了《变电运维一体化作业实例》。

　　经过几年的实践，证明运维一体化是完全可行的。目前，国网浙江检修公司运维人员已全面开展了国网公司变电运维一体化作业项目。通过开展运维一体化，提高了人力资源效率，提升了设备健康水平和运行可靠性。《变电运维一体化作业实例》对指导现场运维一体工作的开展起到了积极作用。

　　《变电运维一体化作业实例》由国网浙江检修公司所属的国网公司级专家、省公司级专家、资深运维班长、检修班长、专业专职及国网浙江培训中心教培老师组成团队编写，经不断完善各项工作细节，编纂而成。

　　《变电运维一体化作业实例》编写人员均具有高级工程师职称或高级技师技能水平，具有丰富的现场工作经验。

　　由于编写时间仓促，难免存在疏漏之处，恳请各位专家和读者提出宝贵意见，使之不断完善。

国网浙江省电力公司检修分公司

2017 年 1 月

目 录

序
前言

项目一

ABB 保护装置电源板更换

一、相关知识点

ABB 保护装置的硬件组成：

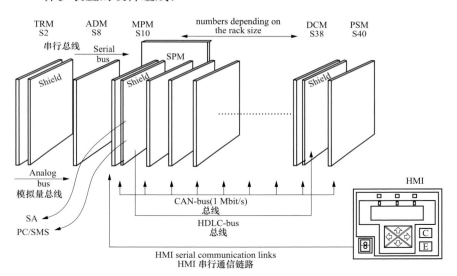

（1）组合背板模块（CBM）：在终端的模块间传送所有的内部信号。

（2）电源模块（PSM）：向所有回路提供 DC 电源，对终端与外部系统之间提供完全的隔离。

（3）主处理器模块（MPM）：对整个应用控制模块进行所有的信息处理或通过该模块传递信息。

（4）人机接口（HMI）：由 LED、LCD、按钮及用于面板 PC 相连的光纤连接器构成。

（5）信号处理模块（SPM）：保护算法处理模块，包含多个信号处理器，进行所有的测量功能。

（6）毫安输入模块（MIM）：带有彼此独立电气隔离的多通道的模拟量输入模块。

（7）输入/输出模块（BIM/BOM/IOM）：带有多个光隔二进制输入和信号输出模块。

（8）数据通信模块（DCM）：远端数字通信的模块。

（9）变换器输入模块（TRM）：对电压、电流处理信号与内部回路进行电气隔离。

（10）A/D转换模块（ADM）：将变换器输入模块（TRM）电气隔离的模拟量处理信号进行模数变换。

（11）串行通信模块（SCM）：SPA/LON/IEC通信。

二、作业前准备

（1）具备符合现场实际情况的电气二次图纸和保护装置说明书。

（2）准备合格的保护装置电源板备品。

（3）准备工器具：ABB保护装置插件板专业工具、万用表、螺钉旋具1套、胶布、记号笔等，以及个人劳动保护用具。

三、危险点分析及预控

（1）作业前需确认对应保护已改为信号状态，以免造成误动。

（2）不得随意修改保护定值、定值区，以免造成保护功能混乱、误动或拒动。

（3）加强作业监护，确认工作地点、工作对象，防止走错间隔，防止误碰其他运行设备，防止直流接地、短路，防止人身触电。

（4）现场工作交底，明确工作内容、工作范围、危险点、安全注意事项等。

四、作业步骤

（1）填写安全措施卡（简称安措卡），记录保护装置原始状态。

1）记录压板、操作把手、装置电源空气开关、交流电压空气开关等位置。

2）记录装置开入量、模拟量数据（此步适用于执行反措更换电源板；若电源板故障或装置面板无显示时，此步不执行）。

（2）执行安全措施。

1）拉开装置电源空气开关、交流电压空气开关。

2）用胶布封好背板电流、电压端子。

 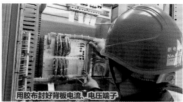

3）拆除装置通信和保护通道光纤，用胶布和记号笔做好标记。

4）拆除装置背板上的开入插件，用胶布和记号笔做好标记。

（3）更换电源板。拆除背板，更换电源插件（使用拆装电源板专用工具）。

（4）更换电源板后，检查装置运行正常。

1）临时恢复保护电源板电源插口。

2）用万用表检查电源回路直流电阻正常（用万用表测量直流电源空开下桩头，正负之间直流电阻为 3kΩ 左右）。

3）拉合装置电源（3次），检查保护装置运行是否正常。

4）断开装置电源，拆除电源板电源插口，恢复背板。

（5）安全措施恢复。

1）恢复装置背板上的开入插件。

2）恢复装置通信和保护通道光纤。

3）合上装置电源空气开关、交流电压空气开关。

4）拆除背板上安全措施用胶布。

（6）工作自验收，检查装置运行正常。

1）检查装置开入量及模拟量数据正常。

2）检查保护光纤通道情况和通信情况正常。

3）检查装置的压板、把手、装置电源及交流电压空气开关等位置已恢复至原始状态。

4）清理工作现场。

（7）填写设备修试记录，办理工作票终结手续。

五、注意事项

（1）更换电源板后，应检查装置运行数据、通信状况正常，如有异常情况，应及时上报缺陷，由专业人员处理。

（2）拆除的接线及端口，应用胶布和记号笔做好标记，以便正确恢复。

（3）作业工器具应做好安全措施，并正确使用，防止发生人身触电。

项目二

西门子断路器液压机构打压超时自保持信号复归处理

一、相关知识点

（1）西门子断路器液压机构打压的基本工作原理。当断路器油压低至油泵启动值时，B1（压力接点）接通，启动 K15（油泵打压中间继电器，断电延时型），K9（油泵启动继电器）动作开始打压，直至油压升至 B1（压力接点）返回，此时 K15 延时（常规整定延时 3～5s）返回断开油泵打压回路，油泵停止打压。

（2）打压超时原因分析。

1）液压油路中集气无法建压引起打压超时。气体进入液压油回路中，因气体最容易被压缩，气体被排入低压油路并不断聚集在油泵顶部，当泵顶部聚集的气体过多使泵内油面低于其活塞口上部时，油泵不能有效建压。

现象：油泵持续运转，无法建压。

2）二次回路元件、继电器损坏，如：K15（油泵打压中间继电器）、K9（油泵启动继电器）、B1（压力接点）触点/接点故障，导致 K67（打压超时继电器，得电延时型）长期励磁超过整定时间（常规整定延时 3～15min）引起打压超时。

现象：表计油压显示正常，但油泵仍然启动，且无法复归。

3）渗漏油引起储油箱缺油。

现象：油泵持续运转，无法建压。

二、作业前准备

（1）具备符合现场实际情况的电气二次图纸。

（2）个人劳动保护用具（对于未安装自动排气装置的，需准备相应型号的扳手）。

三、危险点分析及预控

（1）作业时加强监护，防止交直流接地短路及人身安全。

（2）严禁误碰断路器机构箱内元件，引起设备误动。

（3）防止原因分析不到位、技能不熟练、方法不正确，引起异常扩大。作业前应查阅图纸，认真分析现象和异常原因，严禁凭记忆作业。

四、作业步骤

（1）确认监控后台"打压超时"相关信号和光字。

（2）检查断路器液压表计油压指示：若油压显示正常，考虑系断路器机构内元件、二次回路或继电器异常引起；若压力不正常，考虑系液压油路中集气无法建压或建压效率过低引起。

（3）断开油泵电动机电源。

（4）排气。

1）安装有自动排气装置的，使用"强排气"按钮进行排气。

2）未安装自动排气装置的，将油泵上的排气螺栓逆时针方向慢慢拧松，直至排出的油无气泡时，按顺时针方向拧紧排气螺栓。拧紧的程度要恰当，千万不能拧过头，以免拧断中空螺栓。

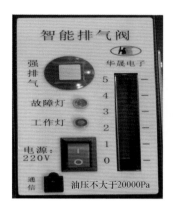
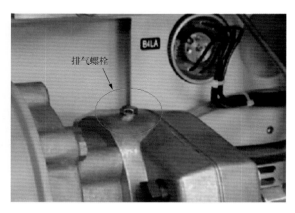

（5）信号复归。

1）有 S4 复归按钮的开关，用复归按钮 S4 复归 K67（打压超时继电器），确认"打压超时"信号复归。

2）需要断开断路器控制电源进行复归，需经调度同意方可复归"打压超时"

信号。

（6）接通油泵电动机电源，K9（油泵启动继电器）励磁打压，油压至额定油压时 K9 继电器自动断开。

（7）若油压仍不能正常建立时，按（4）～（6）方法再处理一次。

五、注意事项

（1）若在作业过程中发现机构压力突然下降至零压时，为了防止在运行状态下的断路器造成慢分，必须立即停止 K9 油泵打压继电器打压，并立即汇报。

（2）油压严禁泄至自动重合闸闭锁压力值以下。

（3）执行上述处理后，异常仍无法处理，应及时上报缺陷，由专业人员处理。

（4）打压超时与频繁打压的区别：频繁打压系油压系统内泄引起，如油质差、内部密封不严等原因引起。现象：油泵打压能完成建压，但在较短的时间内油压无法保持，需频繁建压，致使油泵频繁启动。

项目三

110V 蓄电池核对性充放电试验

一、相关知识点

（1）蓄电池核对性充放电试验的作用。在正常运行中的蓄电池组，为了检验其实际容量，将蓄电池组脱离运行，以规定的放电电流进行恒流放电，只要其中一节单体蓄电池放到了规定的终止电压，应停止放电。按式（1）计算蓄电池组的容量。

$$C = I_f t \tag{1}$$

式中　　C——蓄电池组容量，Ah；

　　　　I_f——恒定放电电流，A；

　　　　t——放电时间，h。

（2）引起蓄电池端电压下降的主要原因。电池本身设计、生产工艺、原材料、维护等多种因素。

二、作业前准备

蓄电池核对性充放电试验所需工器具：万用表、点式红外测温仪、钳型电流表、蓄电池放电仪、绝缘手套、组合工具箱、放电负载、温度表、不同色电缆线两根等。

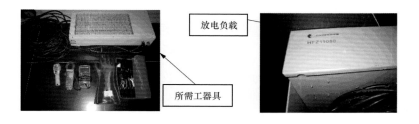

放电负载

所需工器具

三、危险点分析及预控

（1）作业前，合理调整直流系统运行方式，避免造成直流失电。

（2）充放电过程中，应密切监视充放电电流、电压、时间及温度，以免因操作不当造成蓄电池损坏。

（3）至少两人共同作业，作业中正确使用安全用具，加强监护，避免发生人身伤害事故。

四、作业步骤

（1）调整运行方式：先将110V直流Ⅰ、Ⅱ段并列运行，退出需对蓄电池充放电。检查运行直流电压和负荷电流正常。

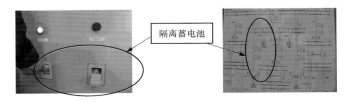

（2）蓄电池退出运行后静止30～60min，并记录单个电池端电压及电池组总电压。

（3）放电前对该组蓄电池外观检查：无破裂损坏、无漏液、无连接板（线）松动、无螺母松动。

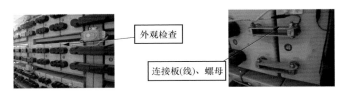

（4）检查放电输出直流电源空气开关确在断开位置后，测量放电端子两端直流电压，检测确无压。

（5）试验接线：放电负载电缆线连接牢固、极性正确。

（6）合上直流屏放电输出直流电源空气开关，按下放电负载按钮，放电开始。放电过程中随时检查放电直流电压、电流和温度情况是否正常。

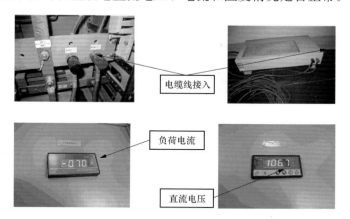

电缆线接入

负荷电流

直流电压

（7）蓄电池放电电压测量：在放电过程中每小时对蓄电池组端电压及每只电池进行一次测量，并记录数据和室温。

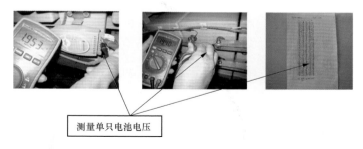

测量单只电池电压

（8）蓄电池放电电流测量：进行放电试验时，检查放电电流是否为蓄电池容量的 0.1C（蓄电池总容量的 10％）。方法：用钳型电流表测试放电电流，其值为蓄电池容量 10％，如有偏差，可调节放电负载至符合要求。

检测放电电流

（9）当蓄电池任一单只电池电压下降至最低电压值（如标称电压 2V 则最低电压为 1.8V）或放电时间达到 10h，测量并记录最后一次单体电池电压值，断开放电输出直流电源空气开关终止放电，拆除试验接线，然后静置 1～2h。

（10）对蓄电池充电设置：

| 已接近最低电压 | 检测记录表 | 断开放电空气开关 | 拆除接线 |

1）倒换充电方式：用备用充电机对该组蓄电池进行充电（将备用充电机一、二组蓄电池切换开关切至该组蓄电池侧）。

2）备用充电机系统设置→电池设置：充电限流 70A、浮充触发 14A、均充限时 10h、延时 3h。

3）备用充电机系统操作→充电控制：均充电压值 122.2V、浮充电压值 117V、电池组均充。

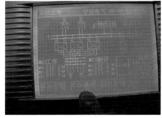 

（11）对蓄电池进行充电。

1）先恒流后恒压充电状态。

2）恒流恒压充电结束后进入延充（3h）状态。

（12）充电过程中，每小时记录蓄电池组端电压和单只电池电压，注意蓄电池外观、温度情况是否正常。

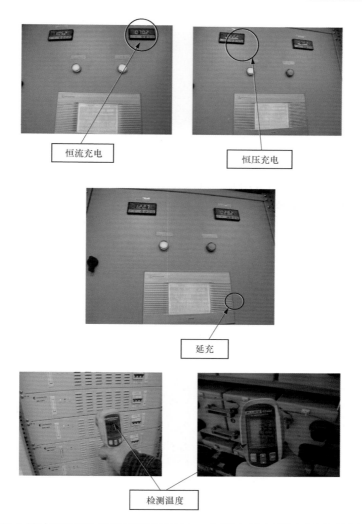

恒流充电

恒压充电

延充

检测温度

（13）充电结束前转浮充后再测量记录一次蓄电池组端电压和单只电池电压，充电结束静置 30～60min。

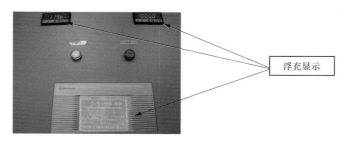

浮充显示

（14）确认充电后的蓄电池性能、状况正常，并清理现场和物品，结束工作。

（15）蓄电池恢复正常运行方式，检查直流系统运行正常。

（16）填写分析报告单位盖章。

五、注意事项

（1）调整蓄电池运行方式时，应确保直流系统运行正常。

（2）蓄电池核对性充放电试验过程中应防止直流接地或短路。

（3）充放电试验宜在秋冬季进行。

（4）不同容量蓄电池应选择不同的放电电流值、放电负载和不同平方线径电缆。

（5）蓄电池不能过度放电或过度充电，正确设置充放电电流。放电电流按10h放电率进行、温度一般宜10～35℃。

（6）蓄电池放电后及时进行充电，记录电压、电流和温度。

项目四

电容器组外置式熔丝更换

一、相关知识点

（1）电容器组的接线方式。电容器组有三角形和星形两种接线方式。

三角形接线方式：三角形接线电容器直接承受线电压，故障电流很大，如果故障不能迅速切除，故障电流和电弧会使绝缘介质分解产生气体，使电容器爆炸，并会波及相邻电容器，所以在 10、35kV 电压等级中很少使用。

星形接线方式：星形接线电容器的极间电压是电网的相电压，绝缘承受的电压比较低，电容器组中有一台电容器因故障击穿短路时，由于健全相的阻抗限制，故障电流较小，故障影响就小，因此现在普遍采用星形接线方式。

（2）电容器熔丝配备形式。电容器一般配备的熔丝可分为内置式和外置式两种形式。

内置式：内置式熔丝电容器在熔丝熔断时，一般采用更换电容器的方法处理。

外置式：外置式熔丝一般采用跌落式熔丝，在电容器熔断时，熔断相非常明显，直观可以检查到，需运维人员进行更换处理。

内置式熔丝

外置式熔丝

（3）电力电容器熔丝的作用。高压电力电容器在运行中要承受系统电压，如个别电容器质量不良，就会发生击穿现象。此时如不将此电容器迅速从运行系统中断开，则其他电容器将通过这个损坏的电容器大量放电，引起爆炸和着火。因此，高压电力电容器接成并联补偿使用时，每一个电容器都要装熔丝，作为单个电容器过载、过流及短路时的保护。

（4）造成电容器熔丝熔断的主要原因：

1）电容器单元内部发生故障击穿，电弧和高温产生气体，电容器损坏引起熔断。

2）电容器单元熔丝安装接触不良发热。

3）熔丝额定电流选择不当。

4）操作过电压。

5）电网负荷高次谐波引起过电流。

二、作业前准备

（1）电容器熔丝更换所需工器具：绝缘手套、绝缘靴、扳手、护目镜、绝缘梯、安全带、万用表、35kV 工作接地线等。

（2）电容器熔丝更换所需备品备件：规格相符完好的熔丝。

 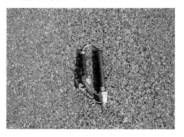

三、危险点分析及预控

（1）人身触电伤害：

1）工作前应确认该电容器组已改为检修状态，中性点无接地开关的还应对中性点进行放电操作。

2）进入电容器网门前，应对电容器组金属网门进行放电，方可进入。

3）更换电容器熔丝前，需对工作过程中可能触及的构架以及电容器进行放电，对熔断的电容器需单独多次放电。

（2）高处坠落伤害：若需登高作业时，绝缘梯应做好防滑措施，并用绑绳将梯子固定在构架上，同时系好安全带做好个人防护。

四、作业步骤

（1）工作前工作人员应先做好个人防护，戴好护目镜、绝缘手套，穿绝缘靴，如需登高还应按要求系好安全带。

（2）检查电容器组确在检修状态。

（3）先对网门内金属网进行放电，再打开网门（须走相应的解锁流程）。

（4）进入网门后应立即对四周可能触及的构架进行多次放电。

（5）对电容器三个星形中性点放电后，挂 35kV 工作接地线（三相短路并接地），并检查。

（6）将熔丝熔断电容器所在构架放电并挂 35kV 接地线。

（7）对熔丝熔断的电容器两端进行数次对地放电和短接放电。

（8）如需登高时应先在合适地点架好绝缘梯，并用绑绳将绝缘梯固定在构架上。同时系好安全带，并固定在合适的地点，安全带应高挂低用。

（9）检查熔丝熔断的电容器外观正常，并用万用表电容挡测量电容量正常。如电容器渗液严重、鼓肚或电容量不正常时则不用再更换熔丝，应报缺陷由专业人员更换电容器及熔丝。

（10）拆除熔断熔丝更换新熔丝，安装时应先装上桩头，再接下桩头，下桩头熔丝应顺时针缠绕，并检查连接牢固。安装新熔丝时熔丝下端应与地面保持90°，熔丝从上端空心穿入。

应与地面保持90°

熔丝从上端空心穿入，不得与外壁相碰

熔丝应装入卡槽内，应顺时针缠绕并压紧，确保连接可靠

（11）拆除构架，星形中性点 35kV 工作接地线。

（12）清理工作现场，回收并清点工器具，防止工器具遗留在电容器网门内。

五、注意事项

（1）作业前，应确认工作电容器已改为检修状态，在检修状态15min后方可打开网门。

（2）作业前应按规定办理变电站第一种工作票。

（3）作业时应至少两人进行，一人工作，一人监护，并做好个人防护。

（4）对中性点无接地闸刀的电容器组，在更换熔丝前应对中性点进行放电，并挂接地线。

（5）在更换熔丝前应对有可能触及的电容器构架及熔丝熔断电容器两端多次放电。

（6）若需登高时应在合适地点架好绝缘梯，并用绑绳将绝缘梯固定在构架上。

（7）更换熔丝后应检查接触良好，安装件紧固。

（8）若带电后该熔丝再次熔断，应将该电容器组改检修通知专业部门处理。

（9）作业过程中安全带严禁低挂高用。

项目五

氧化锌避雷器在线监测仪更换

一、相关知识点

（1）氧化锌避雷器在线监测仪的功能和作用。氧化锌避雷器在线监测仪将电流测试仪及放电计数器置于同一仪器中，与避雷器串联于电网中运行，电流测试仪监视避雷器的泄漏电流值，根据漏电流的变化情况可及时判断避雷器运行过程中因内部受潮或机械缺损等造成的异常情况，防止事故发生，提高电力系统运行可靠性。

（2）引起氧化锌避雷器在线监测仪损坏的主要原因：

1）表内结露导致观察窗模糊，无法正常观察。

2）玻璃面罩破损。

3）表计指针卡涩或表计损坏导致指示不正常。此类情况较难判断在线监测仪是否损坏。此时可用以下方法简单判断：

a. 此时可用手轻拍在线监测仪外壳看指针是否抖动，若指针卡涩指针一般不动。

b. 当在线监测仪指示异常偏大时，用万用表电流挡测量在线监测仪上下桩头之间，此时若在线监测仪指示无变化，则在线监测仪损坏；当在线监测仪指示异常偏小

万用表电流挡

时，用万用表电流挡测量在线监测仪上下桩头之间，若测量值比较大，则说明表计损坏。

二、作业前准备

（1）更换氧化锌避雷器在线监测仪所需工器具：安全帽、绝缘手套、绝缘靴、活动扳手、避雷器工作接地线等。

（2）更换氧化锌避雷器在线监测仪所需备品备件：试验合格的在线监测仪、白纱布、复合脂等。

三、危险点分析及预控

（1）雷击伤害：作业时，应确认在天气晴朗的天气条件下进行，严禁在雷雨天气下进行更换。

（2）人身触电伤害：作业人员应戴绝缘手套、穿绝缘靴并与带电部位保持足够的安全距离。在线监测仪安装比较高时，工作人员工作时身体活动最高高度不得超过主支持绝缘子底部瓷裙。

（3）避雷器未有效接地：应建立有效、可靠牢固的临时接地。

四、作业步骤

（1）更换前应用避雷器工作接地线，将在线监测仪的引线与接地短接，短接顺序为先接接地端，后接泄流引下线。

（2）将在线监测仪的引线拆开，拆开的顺序按先上后下拆开。

（3）再将在线监测仪从支架上拆下（如螺栓生锈严重，应先喷除锈剂将螺栓逐渐松动）。

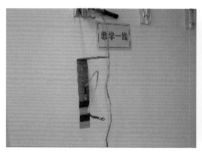

（4）然后将试验完好的在线监测仪装上，固定的螺栓由上往下穿，并紧固，螺栓露出部分不少于3丝（螺栓应从上往下穿，这样有两个好处：①螺母掉了以后，螺栓不会掉下；②积水不易生锈）。

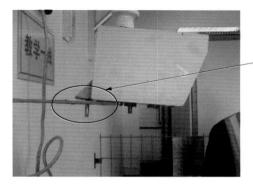

（5）将引线装回前，应将接触面清理干净，并均匀地涂上电力复合脂，然后

将螺栓穿入并进行固定。

将接触面清理干净

在接触面上均匀涂上电力复合脂

（6）工作完毕后将避雷器工作接地线拆除，先拆导体端再拆接地端。

先拆导体端

再拆接地端

五、注意事项

（1）作业时，应确认天气晴朗下进行，严禁雷雨天气进行更换。

（2）作业前应按规定办理变电站第二种工作票。

（3）作业时应至少两人进行，一人工作，一人监护。

（4）作业人员应做好个人防护并与带电部位保持足够安全距离。

（5）作业完成后检查所接在线监测仪与其他正常在线监测仪指示进行对比，数据显示应正常，并抄录在线监测仪原始动作次数和泄漏电流。

项目六

变压器呼吸器硅胶更换

一、相关知识点

（1）变压器呼吸器。呼吸器又称吸湿器，是一玻璃容器，是主变压器的一个附属安全保护装置，内部充有吸附剂，吸附剂常采用变色硅胶，在其下端设一盛变压器油的油杯。安装在油枕与空气连通的管道末端。

（2）变压器呼吸器的作用。呼吸器的作用是提供变压器在温度变化时内部气体出入的通道，解除正常运行中因温度变化产生对油箱的压力。当变压器温度升高时，油箱内的油会相应膨胀，因此油枕内的油位也会相应升高，此时胶囊内的部分气体经呼吸器排出；当变压器温度下降时，油箱内的油会相应收缩，因此油枕内的油位也会相应下降，此时胶囊经呼吸器吸入部分气体。

（3）呼吸器内硅胶的作用。硅胶的作用是在变压器温度下降时对吸进的气体去潮气。这样最后进入到变压器内部的空气就比较干燥纯净，可起到防止绝缘油老化的问题。

硅胶在未吸湿前，呈蓝色或橙色（橘黄色），装入呼吸器后色泽鲜艳，便于观察。

如果硅胶吸入足够的水分就处于饱和状态而变成粉红色或浅绿色。值班人员可通过呼吸器内硅胶颜色的变化，来判断硅胶是否潮解。

（4）变压器呼吸器油封杯的作用。油封杯其实是个隔离器，在安装的时候要装入适量的变压器油，延长硅胶的使用寿命，把硅胶与大气隔离开，只有进入变压器内的空气才通过硅胶。

（5）变压器呼吸器油封杯内油的作用。进入变压器的空气先通过变压器油滤去灰尘。

（6）呼吸器硅胶桶的类型。呼吸器硅胶桶的类型有拆卸式呼吸器硅胶桶和非拆卸式呼吸器硅胶桶。

（7）引起变压器呼吸器硅胶变色的主要原因。正常干燥时呼吸器硅胶为蓝色或橙色（橘黄色）。当硅胶颜色变为粉红色或浅绿色时，表明硅胶已受潮而且失效。一般变色硅胶达 2/3 时，值班人员应报一般缺陷，需要更换处理。硅胶变色过快的原因主要有：

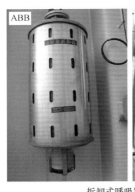  

拆卸式呼吸器硅胶桶　　　　　　　　非拆卸式呼吸器硅胶桶

1）长时间天气阴雨，空气湿度较大，因吸湿量大而过快变色。

2）呼吸器容量过小。

3）硅胶玻璃罩罐有裂纹、破损。

4）呼吸器下部油封罩内无油或油位太低，起不到良好的油封作用，使湿空气未经油封过滤而直接进入硅胶罐内。

5）呼吸器安装不当。如胶垫龟裂不合格、紧固件松动、安装不密封等。

二、作业前准备

（1）更换变压器呼吸器硅胶所需工器具：安全帽、线手套、塑料桶、纱布、活动扳手、酒精、空塑料瓶、喷壶等。

（2）更换变压器呼吸器硅胶所需备品备件：硅胶、变压器油。

三、危险点分析及预控

（1）作业前需停用变压器本体重瓦斯，以免造成保护误动。

（2）作业前后必须确认呼吸器呼吸正常，以免造成变压器故障、保护误动。

（3）作业区域严禁烟火。

（4）至少两人共同作业。

四、作业步骤

（1）拆卸式变压器呼吸器硅胶更换步骤。

1）应先拆油封杯，再拆卸硅胶桶。一手托住油封杯底部，另一手缓慢按逆时针旋转取下油封杯。

拧下油封杯

2）将油杯中废油倒出并清洗油杯，擦干。

3）拆卸硅胶桶。

拆下顶部固定螺帽

4）拆除底部螺栓，将硅胶桶内已经失效的硅胶缓慢倒出至垃圾桶，确保硅胶桶内无遗留的硅胶颗粒，将硅胶桶及附件清洗干净。

硅胶桶内无遗留的硅胶颗粒

5）缓慢倒入合格硅胶，直至到标准位置。

倒入合格硅胶至标准位置

6）将硅胶桶装设至呼吸器原位，紧固底部螺栓。

7）把硅胶桶装上，拧紧固定螺栓。

8）向油封杯倒入变压器油至油封杯最高与最低刻度线中间位置。

最高与最低刻度线

9）安装油封杯：一手托住油封杯底部，另一手缓慢按顺时针旋转拧紧油封杯。

油封杯

10）擦拭油封杯表面油迹，检查无渗油、漏油情况。

11）确认更换后的呼吸器呼吸正常（冒泡），并清理现场遗留垃圾和物品。

冒泡

（2）非拆卸式变压器呼吸器硅胶更换步骤。

1）将硅胶桶两端的盖子用管子钳打开，准备好塑料桶接住，以免硅胶撒落在地面上。

2）用螺钉旋具将油封杯固定的螺栓松开，将油封杯旋开，此时要小心，以免油封杯滑落打碎。

3）用酒精白布将油封杯清洗干净，按要求加好干净的油。

4）硅胶桶内应清理干净，盖紧下盖，将合格的硅胶注入到标准位置，盖紧上盖。

5）将油封杯装回，调整杯内油位，固定好螺栓即可。

五、注意事项

（1）运行中更换呼吸器硅胶必须保持足够的安全距离，否则应停电进行。

（2）更换呼吸器硅胶时应将重瓦斯改接信号。

（3）更换硅胶应在天气良好、空气湿度小时进行。

（4）更换硅胶的同时要一并清洗油封杯并更换油封中油，油封中的油需没过呼气嘴并将呼吸器密封，否则起不到油封作用。

（5）呼吸器下的油封杯在安装时应松紧适度。旋得过紧，呼吸器无法工作；旋得过松则不起过滤空气的作用。

（6）更换硅胶时应做好自我防护，若硅胶进入眼中，需用大量的水冲洗，并尽快找医生治疗。蓝色硅胶由于含有少量氧化钴，有毒，因避免和食品接触和吸入口中，如发生中毒事件应立即找医生治疗。

（7）ABB系列主变压器由于硅胶桶体积较大，拆卸时需三人协同完成；更换一相需使用30kg左右硅胶，硅胶要准备充足。

项目七

隔离开关操作失败及不定态简单处理

一、相关知识点

（1）隔离开关。隔离开关（运行现场又叫刀闸）是高压开关的最简单形式。因为它没有专门设置的灭弧装置，所以不能用来接通或切断负荷电流和短路电流。但因为有明显的断开点，因此在高压电网中，当回路断路器拉开停电后，可以将它拉开，以保证被检修设备与带电设备进行可靠隔离，供以缩小停电范围并保证人身安全。一般都和断路器配合使用。隔离开关种类形式如下图：

曲臂式（合闸）

水平双柱式（合闸）

水平插入式（合闸）

水平双柱式（分闸）

剪刀式（分闸）

水平插入式（分闸）

（2）隔离开关的主要用途。在设备检修时，用隔离开关来隔离有电和无电部分，形成明显的断开点，使检修的设备与电力系统隔离，以保证工作人员和设备的安全。

1）隔离开关和断路器相配合，进行倒闸操作，以改变运行方式，如倒母操作。

2）用来开断小电流电路和旁（环）路电流。

a. 在电力网无接地故障时，拉合电压互感器；在无雷电活动时拉合避雷器。

b. 拉、合母线及直接连在母线上设备的电容电流。

c. 对双母线带旁路接线，当某一出线单元断路器因某种原因出现分、合闭锁，用旁路母线断路器代其他运行时，可用隔离开关并联回路，但操作前必须停用旁路母线断路器的操作电源。

d. 对一个半开关接线，当某一串断路器出现分、合闭锁时，可用隔离开关来解环，但是要注意至少有三串合环进行（征得调度的同意）。

e. 对双母线单分段接线方式，当两个母联断路器和分段断路器中某一断路器出现分、合闸闭锁时，可用隔离开关断开回路。但操作前必须确认三个断路器在合闸位置并断开三个断路器的操作电源。

3）用隔离开关进行 500kV 小电流电路合旁（环）路电流的操作。但须经计算符合隔离开关技术条件和有关调度规程后方可进行。

4）对于带有接地闸刀的隔离开关，由于两者有机械闭锁，可有效地杜绝在检修工作中发生带电挂接地线或带接地线合闸的恶性事故。

（3）隔离开关的操作要求：

1）分合隔离开关断路器必须在断开位置，否则会造成带负荷拉合隔离开关事故，对人身和设备造成伤害。

2）线路停、送电时，必须按顺序分合隔离开关。停电操作时，先断开断路器，后拉开线路侧隔离开关，再拉开母线侧隔离开关（如断路器合上，先拉线路侧隔离开关仅影响本线路；如先拉母线侧隔离开关则影响整条母线及本线路）；送电时必须按照母线侧隔离开关、线路侧隔离开关、断路器顺序依次操作。

3）操作隔离开关时，应在现场逐相检查其分、合位置，同期情况，触头接触深度等项目，确保隔离开关动作正常，位置正确。

（4）隔离开关的操作形式。隔离开关的操作可通过远方遥控（后台、测控装置、KK 开关）、就地电动（汇控箱）、就地手动操作等方式进行。

（5）隔离开关应具备的防误闭锁。隔离开关应具有的三种闭锁：隔离开关与断路器之间闭锁、隔离开关与接地闸刀之间的闭锁和母线隔离开关与母线隔离开关之间闭锁。

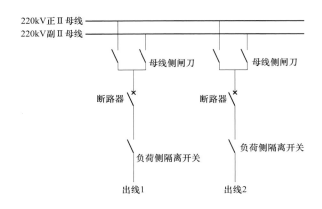

（6）隔离开关防误闭锁的方式。隔离开关的防误闭锁方式有机械闭锁、电气闭锁、电磁锁、测控装置逻辑闭锁和监控后台逻辑闭锁、微机防误操作闭锁装置实现防误操作。

1）机械闭锁：机械闭锁是靠机械制动而达到预定目的的一种闭锁，实现一电气设备操作后另一电气设备就不能操作。主要用于隔离开关与接地闸刀之间的闭锁，如线路隔离开关与线路接地闸刀间的闭锁。

主刀与接地闸刀闭锁连杆　　　　　　　闭锁端　　　　　　　　　　活动端

2）电气闭锁：利用断路器、隔离开关辅助接点接通或断开电气操作电源而达到闭锁目的一种闭锁。主要用于电动隔离开关和电动接地闸刀上，如线路隔离开关或母线隔离开关与断路器闭锁。

3）电磁锁闭锁：利用断路器、隔离开关、设备网门等设备的辅助接点，接通或断开隔离开关、网门电磁锁电源，从而达到闭锁目的的装置。如断路器母线侧接地闸刀与另一母线隔离开关闭锁。

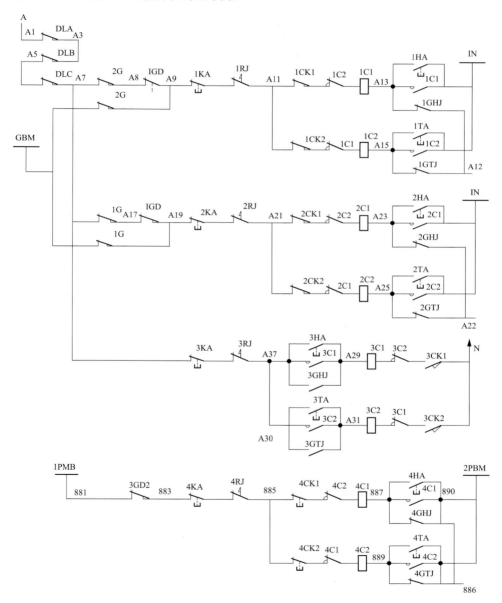

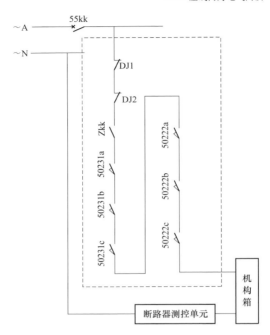

220kV线路开关母线侧接地闸刀电磁锁

网门电磁锁

4）监控后台逻辑闭锁：监控后台中的软件对遥信信息进行判断，当条件满足时，监控后台的控制命令才能下达，否则监控后台将拒绝下达命令并弹出不满足条件的信息。500kV 第Ⅵ串逻辑闭锁；

5）测控装置逻辑闭锁：测控装置对采集的遥信信息进行判断，也可以从监控系统前置机中调用其他测控装置的遥信信息，当条件满足时发出其控制的闭锁接点才能闭合，操作才能进行。

电气类闭锁装置主要是电气回路闭锁。

操作设备	50611	506117	5061	506127	50612	5061617	50621	506217	5062	506227	50622	5063617	50631	506317	5063	506327	50632	5117	5127	5217	5227	其他
50611	0	0	0	0														0	0			
506117	0	0	0	0	0																	
5061	0	0	0	0	0																	
506127	0	0	0	0	0	0																
50612				0	0	0																$<U_L$ 注
5061617					0	0																
50621							0	0	0	0	0											
506217							0	0	0	0	0											
5062							0	0	0	0	0											
506227							0	0	0	0	0	0										
50622										0	0	0										$<U_L$ 注
5063617											0	0										
50631													0	0	0	0	0					
506317													0	0	0	0	0					
5063													0	0	0	0	0					
506327													0	0	0	0	0					
50632														0	0	0	0			0	0	

注　0 表示分闸状态，无压判据均需判压变二次小开关的状态。

37

6) 微机防误操作闭锁装置：系统配置一台"五防"主机，在"五防"主机内预设满足全站设备"五防"功能的防误闭锁规则库。运行人员操作时先在"五防"主机上模拟预演操作，"五防"主机根据预先储存的防误闭锁规则及当前设备位置状态，对每一项模拟操作进行闭锁逻辑判断，将正确的模拟操作内容生成实际操作程序传输给电脑钥匙，运行人员按照电脑钥匙显示的操作内容，到配电装置依次打开相应的编码锁，对设备进行操作。全部操作结束后，通过电脑钥匙的回传，将本次操作后的设备状态信息反馈给"五防"主机。

（7）隔离开关操作失败主要原因。隔离开关操作失败主要原因有机械故障和电气回路故障。

二、作业前准备

隔离开关操作失败简单处理所需工器具：安全帽、线手套、活动扳手、万用表、图纸、螺钉旋具、钥匙等。

三、危险点分析及预控

（1）隔离开关操作失败简单处理危险点分析与预控：

1）若发生机械卡涩、变形，则严禁强行操作，防止造成设备损坏。

2）严禁随意解锁操作，若调度或系统有要求时，则应严格履行解锁操作流程。

3）两人共同作业，注意安全距离，防止人身触电、低压触电等。

（2）隔离开关位置不定态简单处理危险点分析与控制：

1）严禁随意操作和改变设备状态。

2）防止误碰、误动设备。

3）两人共同作业，注意安全距离，防止人身触电、低压触电等。

四、作业步骤

（1）隔离开关操作失败简单处理。首先区分是机械故障还是电气回路故障。

1）机械故障。机械故障可能有机械转动、传动部分的卡死，相关轴销脱落，也有转动、传动连杆焊接脱落等方面的原因。

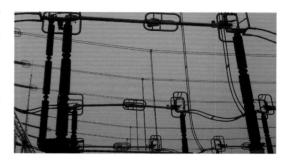

a. 如发生机械转动、传动部分的卡死，一般来说运维人员无法处理，需及时汇报，要求将故障设备停电，请专业人员处理。

B 相隔离开关合闸不到位，现场检查隔离开关机构已合闸到位，机构输出垂直连杆指示标志位置已在合闸位置，已无法手动操作；此时 B 相上下导电臂中间联接轴部位向上凸起，隔离开关上底座传动拉杆未过死点。

可能原因为：隔离开关导电臂内部传动连杆轴套位置卡涩；上下导电臂中间联接轴滚轮等部位卡涩；上底座传动拉杆卡涩。

b. 操作中如发生隔离开关小连杆脱钩（螺栓松动引起）机械故障，引起隔离开关无法操作时，视安全情况进行处理。

A 相无法分闸　　　　　　小连杆脱钩　　　　　　小连杆脱钩处理

c. 机械故障如机构锈蚀、卡涩、检修调试未调好等原因会引起隔离开关操作分、合闸不到位，发生这种情况可拉开隔离开关再次合闸，对 220kV 隔离开关，可用绝缘棒推入。必要时，应申请停电处理。

2）电气回路故障。电气回路故障可能情况有：不满足隔离开关操作的闭锁条件、三相操作电源不正常、闭锁电源不正常、热继电器动作不复归、操作回路断线、端子松动、接触器或电动机故障、断路器或隔离开关或接地开关辅助接点切换不良、控制开关把手接点切换不良等方面问题。

电气回路由隔离开关交流控制回路、直流控制回路（220kV 非后台监控部分）及交流动力回路组成。以 500kV 50611 隔离开关为例说明：

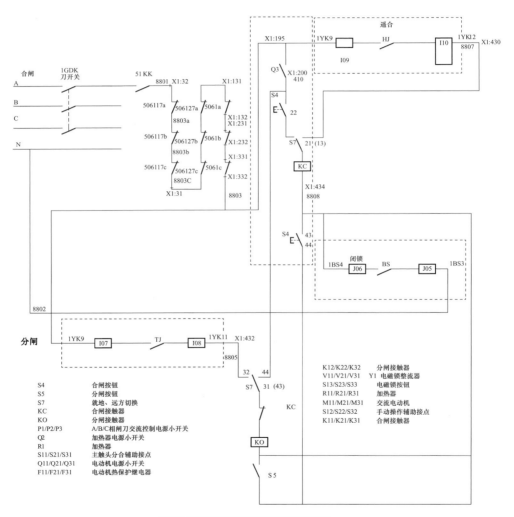

500kV 50611隔离开关汇控箱交流控制回路

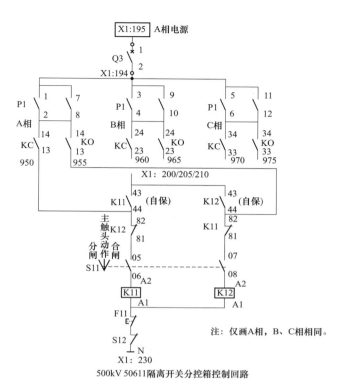

500kV 50611隔离开关分控箱控制回路

注：仅画A相，B、C相相同。

500kV 50611隔离开关交流电动机回路

注：仅画A相，B、C相相同。

在判断隔离开关机械正常后，隔离开关操作失败则是电气回路故障造成。

a. 首先检查操作隔离开关设备状态是否满足要求，核对操作设备名称编号，是否有跑错间隔情况。汇控箱内就地/远方切换开关是否在远方位置。

b. 此时可进行远方和就地电动各试操作一次，如就地电动操作成功，则说明后台遥控接点或手合 KK 接点及操作重动继电器接点动作不正确、就地/远方切换开关接点切换不良引起。

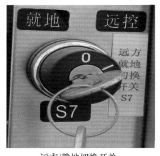 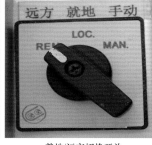 

远方/就地切换开关　　　　就地/远方切换开关　　　　远方/就地切换开关

如监控后台闭锁条件不满足，则会显示出该隔离开关操作后台所受闭锁条件，如操作 50611 隔离开关：506117/接地开关＝分位置；506127/接地开关＝分位置；5117/接地开关＝分位置；5127/接地开关＝分位置；5061/接地开关＝分位置。可使条件满足或强制不校验。

同时查看后台显示在"允许"或"禁止"，如"允许"，则说明测控装置逻辑闭锁正常，可能为后台出现问题，需专业人员检查处理，此时可采用测控装置操作。

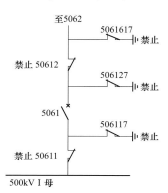

若操作重动中间继电器动作不正确，可更换重动中间继电器。若手合 KK 接点故障则需专业人员处理。

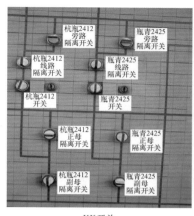

KK开关

重动中间继电器

如就地/远方切换开关接点切换不良，可将切换开关多次切换，用万用表测量接点通断，如接点损坏可切至就地位置操作。

c. 如远方和就地电动操作均失败，则说明公共电气回路故障，则对以下回路排查：

（a）检查监控后台画面显示"允许"还是"禁止"。如监控后台画面显示"禁止"，则说明测控装置闭锁逻辑不正常。此时应检查测控装置工作是否正常，装置电源及信号电源小开关是否在合上位置。必要时重启测控装置。无法恢复时，需专业人员处理。

（b）检查操作电源回路电源是否正常。检查交流操作电源空气开关或熔丝是否跳开或熔断，若正常，则用万用表置"交流电压"挡对地测量交流电压是否正常。如发现操作电源回路有故障，及时排除。

（c）检查电气闭锁回路接点是否正常。50611隔离开关电气闭锁受506117、506127接地开关及5061断路器动断辅助接点闭锁，可用万用表置"交流电压"挡，测量回路中8803所接端子对地交流电压是否正常；也可断开隔离开关交流操作电源小开关，用万用表置欧姆挡检查断路器或接地开关辅接点是否接通。如无法测出电压或辅助接点不通，则可判定故障就在电气闭锁回路中，继续用倒推法测量电压或测量接点通断，直至判断出辅助接点切换不正常的接点为止。判断出切换不正常辅助接点，则继续到相应接地开关或断路器辅助接点切换处进行处理（ALSTOM公司隔离开关辅助接点是由一次操作连杆带动的，如隔离开关合闸，则辅助接点转至一边，使所有的动合辅助接点全部接通，动断接点全部断开；在隔离开关分闸时，则辅助接点转至另一边，使所有的动合辅助接点全部断开，常闭辅助接点全部接通。辅助接点不是固定式，通过箱内辅助接点固定开关可以调节。如调节此固定开关，所有的辅助接点将会受到影响，直接影响其他回路（如防误回路），为此建议检修人员或厂家人员对辅助接点调整，辅助接点切换不良可能是箱内固定开关松动引起）。

（d）检查汇控箱合（分）闸接触器 KC（KO）动作是否正常。可在现场汇控箱内按住分合闸按钮，观察分合闸接触器是否吸合动作，有无异常声响，有无卡涩，如确认分合闸接触器没有动作，可断开交流操作电源，多次试按交流接触器增加动作灵敏性。如此时交流接触器仍不动作，用万用表置欧姆挡检查接触器线圈是否断线。如确为分合闸接触器线圈故障，则需更换（专业人员）。

若合（分）闸接触器 KC（KO）动作正常，则应检查合（分）闸接触器 KC（KO）接点动作是否正常。可在现场汇控箱内按住分合闸按钮，合（分）闸接触器 KC（KO）吸合动作后，用万用表置交流电压挡测量接点两端的电压判断。确有接点损坏，考虑换备用接点或更换接触器。

（e）检查分控箱内 A/B/C 相交流控制电源小开关 P1/P2/P3 是否在合上位置，如断开则合上。如再跳开，则需查明原因。

（f）检查分控箱合（分）闸接触器 K11（K12）动作是否正常。方法同 d）。

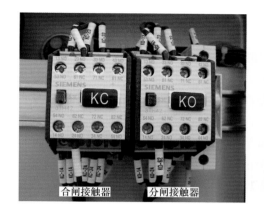

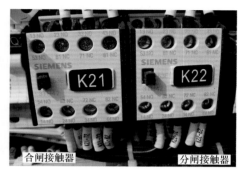

合闸接触器　　　　分闸接触器　　　　　　　　合闸接触器　　　　　　　　分闸接触器

（g）检查分控箱内本隔离开关分合闸辅助接点切换是否正常。断开交流操作电源小开关，用万用表"欧姆"挡测量 S11（S21/S31）两端子是否接通。如接点损坏考虑更换辅助接点。

（h）检查电动机电源小开关 Q11/21/31 是否在合上位置。如断开则合上。如再跳开，则需查明原因。

（i）检查电动机热保护继电器是否动作，如动作及时复归。

（j）如是 ALSTOM 公司隔离开关，应检查汇控箱门是否关严。

（k）500kV 线路接地开关操作失败基本上是线路无压闭锁继电器接点损坏问题。

电动机热保护继电器　　　　　　　　　　　电动机热保护继电器

3）隔离开关分合操作中途停止的故障处理。

a. 湖南长高的 GW7C-252 II DW 型 220kV 母线隔离开关远方遥控分闸操作中途电动机自动停止，使隔离开关分闸不到位，此时立即采用现场控制箱就地电动分闸操作（远方遥控分闸操作可能为交流接触器 KM1 未能正常保持吸合，造

无压继电器

成分闸控制回路无法正常自保持，从而导致电动机回路运行中断，会出现隔离开关分闸中断）。

b. 如操作中途停止的原因由机构转动，转动及隔离开关转动部分因锈蚀或卡死等情况而造成操作回路断开，此时隔离开关的触头间会拉弧放电。在隔离开关分合操作中途发生停止操作时，应立即按"停止"按钮并切断隔离开关的操作电源，应迅速将隔离开关用手动将隔离开关合上或拉开。事后向调度及上级主管部门安排停电检修。

（2）隔离开关位置不定态简单处理。

1）隔离开关位置不定态主要是指监控后台或测控装置显示隔离开关或接地开关位置不确定（不在分闸位置，也不在合闸位置）。

隔离开关出现位置不定态，可能是以下原因引起：测控装置发生故障；测控装置信号电源消失；测控装置通信故障（A、B网同时中断）；隔离开关或接地开关辅助接点不良。

2）当出现测控装置故障时，首先检查监控后台相邻测控装置光字信号有无报"测控装置故障"光字牌，小室内检查测控装置面板"运行"灯是否亮，如"测控装置故障"光字牌亮、"运行"灯灭，则可能为装置直流电源引起，应检查测控装置直流电源是否正常，直流电源小开关是否跳开，直流电源小开关可试合一次，如再次跳开，不允许再合上。用万用表置直流电压挡检查端子排直流电源输入端有无短路，如正常则可能为测控装置电源板故障，需专业人员处理。

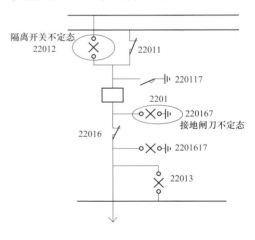

3）如测控装置直流电源正常，则应检查测控装置面板告警灯是否亮，如告警灯亮考虑能否复归，如不能复归考虑重启测控装置。如重启后故障仍存在，则由厂家或专业人员处理。

4）当出现"测控装置信号电源消失"时，首先检查监控后台光字信号有无报"测控装置信号电源故障"光字牌，如"测控装置信号电源故障"光字牌亮，则可能为测控装置信号直流电源引起，应检查测控装置信号直流电源是否正常，信号直流电源空气开关是否跳开，信号直流电源空气开关可试合一次，如再次跳开，不允许再合上。用万用表置直流电压挡检查端子排直流电源输入端有无短路，如正常则可能为测控装置信号电源板故障，需专业人员处理。

5）当监控后台画面出现不定态，且测控装置直流电源正常、信号电源正常，无其他无光字信号，可能为测控装置通信故障（A、B网同时中断）。先检查测控装置背面 A 网、B 网网络线插头有没有插好，通信指示灯是否闪烁，如通信指示灯灭，应检查小室内监控系统交换机屏交换机工作是否正常，必要时重启交换机。如交换机正常，可能判断为测控装置通信板有故障，需专业人员处理。

6）如交换机正常，可能为隔离开关、接地闸刀辅接点不良（主刀位置正常），测控装置没有收到相关隔离开关位置开入（合位时三相动合接点串联开入；分位时三相动断接点串联开入），可查阅图纸，用万用表测量接点是否正常。如判定辅助接点接触不良，考虑用备用接点更换。

五、注意事项

（1）维护隔离开关操作失败简单处理应必须保持安规规定的安全距离，否则应停电进行。

（2）使用梯子登高时要有防倾倒措施；登高时防止高空摔跌，做好防感应电措施，必要时加挂工作接地线，戴绝缘手套；工器具不得上下抛掷。

（3）维护处理时需断开隔离开关操作交流电源和控制电源。

（4）在未查明原因前不得操作，严禁用顶合隔离开关分合闸接触器的行为来操作隔离开关，否则可能造成设备损坏如母线隔离开关绝缘子断裂而造成母线故障。

（5）发生 220kV 及以下电压等级隔离开关操作不到位可用相同电压等级的绝缘棒将隔离开关的三相触头顶到位，但要小心从事，以防脱落、损坏设备而造成事故。运行后应加强红外线测温和监视。

（6）在维护处理过程中不准采用短接线或擅自解锁的方式对隔离开关进行操作。

（7）用万用表欧姆挡测量接点或线圈通断时，需断开交流操作电源。

光纤保护通道故障处理（以 CSC103A 为例）

一、相关知识点

（1）光纤通道的分类。

1）专用光纤方式。采用专用光纤光缆时，线路两侧的装置通过光纤通道直接连接。

专用光纤方式连接

2）复用光纤方式。若通过数字接口复接数字通信网络时，需在通信机房内加装一台电力通信接口装置 CSC -186。

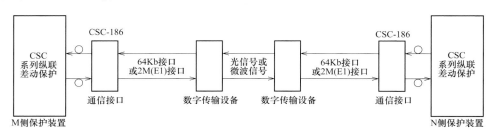

复用光纤方式连接

（2）通道自环试验。

1）光纤跳线。光纤跳线用来做从设备到光纤布线链路的跳接线。有较厚的保护层，一般用在光端机和终端盒之间的连接。

2）光纤自环。CPU 插件带有光端机，它通过 64kbit/s 或 2048kbit/s 高速数据通道（专用光纤或复用通信设备），用同步通信方式与对侧交换电流采样值和信号。

将光端机的接收"Rx"和发送"Tx"用尾纤短接，构成自发自收方式，将本侧纵联码和对侧纵联码整定成一致。

（3）电力通信接口装置。该装置安装在变电站或电厂的通信机房内，一端通过光纤与安装在保护室的继电保护等装置的光纤接口连接，另一端通过双绞线与通信设备的 64kbit/s 终端口相连（复接基群），也可通过同轴电缆线对与通信设备的 2M/E1 接口相连（复接二次群）。

二、作业前准备

（1）具备符合现场实际情况的电气二次图纸，了解保护通信原理。

（2）确认保护已处于停运状态，相关出口压板已取下。

（3）准备好合格的整定通知单及装置说明书。

（4）检查工具箱工具齐全（光纤跳线）。

（5）现场工作交底、明确工作内容、工作范围、危险点、安全注意事项。

三、危险点分析及预控

（1）误碰其他运行设备：作业前仔细核对屏位图及装置位置，防止误碰其他运行设备，监护操作。

（2）装置误动、误出口：注意退出相关出口压板。

（3）误整定：应严格按照调度正式整定单执行，整个工作结束前应与运行人员核对整定单，并双方确认整定无误后签名。

（4）在进行自环试验时，尾纤接错光发、光收口：插拔前后应做好记录，反复检查。

四、作业步骤

（1）检查光纤接口是否可靠，熔接是否符合要求，接触是否良好。

（2）检查保护装置整定是否有误。

（3）检查通道状态，包括通道延时、失步次数、误码总数、报文异常数、报文时间超时。

（4）检查保护装置、通道设备的时钟方式的设置。

（5）对于复用通道保护，可以利用光纤保护具有的自环测试功能，进行多次测试，逐步查找以确定故障点。

1）检测本侧保护装置是否工作正常。在本侧将 CSC-103A 设置成光纤自环工作方式。方法是利用尾纤将保护装置的光发和光收短接，同时将保护装置的"通道自环试验"控制字置 1，将本侧纵联码和对侧纵联码整定成一致，看本侧保护装置的通道是否恢复正常。

若此时保护装置的通道报警信号消失，证明保护装置本身没有问题，接着将保护装置背板处的通道恢复。

若此时保护装置的通道报警信号仍存在，证明故障在该保护装置本身，可通过更换故障通信插件进行故障排除。

2）检测本侧通道是否工作正常。将 CSC-103A 设置成本侧 CSC-186 自环工作方式，以检测本侧通道即 CSC-186 与保护装置之间的通道是否正常。即将 CSC-186 装置背后的"环回选择"拨码开关打到"自环"位置，同时将保护装置的"通道自环试验"控制字置 1，看本侧保护装置的通道是否恢复正常。

若此时保护装置的通道报警信号消失，证明本侧通道没有问题，接着将通道环回方式恢复。

若此时保护装置的通道报警信号依然存在，证明故障可能发生在该 CSC-186 装置上，可通过更换故障的 CSC-186 装置进行故障排除。

3）检测对侧通道是否工作正常。用同样的方式在对侧做自环测试功能，如果两边做出来都没问题，证明故障在数字传输设备上或线路通道上，需要专业通信人员检查通道状况，确定故障位置。

（6）光纤保护使用专用光纤通道时，由于通道单一，出现的问题相对较少，解决起来也较为方便，可能出现 2 种情况：

1）光纤熔接问题，即光纤断或熔接点衰减变大。可用光功率计进行线路两侧的收、发光功率检测，并记录测试值。

2）保护装置故障：可在光纤接线盒处对两侧进行自环测试。

五、注意事项

（1）交代工作任务、工作地点、设备状态、安全措施、危险点必须清楚，防止误入其他间隔等。

（2）工作中安全隔离措施必须到位，防止由于工作不仔细，误入同屏运行的另一套保护装置或相邻屏修改定值或接线，工作应设专人监护。

项目九

智能终端装置故障初步处理

一、相关知识点

智能终端装置是智能变电站的常用设备，由于在户外运行，故障概率较高，同时智能装置故障后，一般通过重启方式装置能恢复。因此，智能终端故障下重启处理是运维一体化比较合适开展的项目。

二、作业前准备

工作流程：

（1）缺陷处理必须先征得调度及相关部门同意方可进行。

（2）通过故障信号、报文分析等手段确认智能终端装置故障的原因，可以尝试通过装置重启方式进行恢复。

三、危险点分析及预控

安全措施执行：

（1）记录装置原始状态，如压板、装置电源开关、交流电源空气开关等的位置。

（2）记录装置开入量数据，通过观察装置面板信号指示灯或通过网络分析仪观察报文确定。

（3）退出智能终端装置所有出口压板，包括断路器、隔离开关等（对于未设置隔离开关出口压板的，应拉开隔离开关机构箱内电动机电源空气开关）。

（4）放上智能终端装置的装置检修状态压板。

四、作业步骤

对装置进行重启：

（1）拉开智能终端装置的装置电源空气开关。

（2）间隔几秒后，合上智能终端装置的装置电源空气开关，恢复对装置供电。

（3）装置上电后，检查装置外观情况，并通过网络分析仪 GOOSE 报文分析，查看智能终端是否正常运行。

五、注意事项

安全措施恢复：

（1）退出智能终端装置的装置检修状态压板。

（2）放上智能终端装置的出口压板（放上出口压板前应先测量电压）。

（3）检查智能终端装置的压板、装置电源开关、交流电源空开状态与工作许可时一致。

（4）工作结束，清理现场，汇报调度及相关部门。

项目十

SF₆ 气 体 的 检 漏

一、相关知识点

漏气是 SF₆ 开关的致命缺陷，所以其密封性能是考核产品质量或检修质量的关键性能指标之一。

二、作业前准备

（1）检漏的方法有两种：定性检漏、定量检漏。

（2）检漏的工具：定性检漏仪、定量检漏仪（唐山产 LF-1 型检漏仪）、日本三菱 Me-SF₆-DB 检漏仪、原西德产 3AX59 检漏仪）。

三、危险点分析及预控

主要检漏点：①运行中发生明显泄漏处；②分解检修后的重新组装密封面；③压力表、密度继电器、阀门接头密封处。

具体检查：检漏口、焊缝、充放气嘴、操作机构、法兰接面、压力表连接管和滑动密封底座。

工作位置在上风口，口鼻呼吸高于被检设备，必要时佩戴正压式呼吸器。

四、作业步骤

（1）定性检漏法：它只对 SF₆ 高压电器泄漏进行初检，无法确定气体泄漏量，通常用定性检漏仪检查出来，其泄漏量一般已比较大。其方法是用检漏仪的探头对需要检漏的每个密封面四周进行缓慢的移动（距离 2mm），当检漏仪发生响声，证明有气体泄漏，以检漏仪声音的频率来判断气体的泄漏量大小。

（2）定量检漏法：量的标准为年漏气率小于 1％。

1）计算公式：

a. 漏气率：

$$f = P_0 VK / t \text{（每个测点）} \tag{1}$$

式中　P_0——大气压力，约 1Pa；

　　　V——SF₆所测体积（$V_1 - V_2$）；

　　　K——被测出气体的体积浓度；

　　　t——测试时间。

随检漏方法不同 V 和 t 的单位有所不同，V 单位有 mL、L、m³，t 单位有 s、h。

b. 漏气量：

$$Q = f \cdot V_0 \tag{2}$$

年漏气量：

$$M = Q \cdot T \tag{3}$$

T——1 年小时数，$365 \times 24 = 8760$h；

V_0——SF₆气体密度（比重），在 15℃ 1 个标准大气压下 6.16g/L。

c. 年漏气率：

$$\eta = (M_{总} / M_0) \times 100\% \tag{4}$$

式中　M_0——一密封独立体的 SF₆ 气体总重量，g；

　　　$M_{总}$——各检漏点漏气量之和。

或　　　　　　$\eta = (V_0 P_0 V / M_0 t) \times Kt \times 100\%$

2）检漏方法：定量检漏的方法有挂瓶、整机扣罩法、局部包扎法。

a. 挂瓶检漏法：MG 与平高 FA 系列各法兰有检漏口，当突然检查发现泄漏口 SF₆泄漏时可进行。

方法：挂瓶前，卸下螺栓，历时 24h，使漏口内 SF₆气体泄漏掉，然后挂瓶，瓶的容积为 1000mL，挂瓶时间为 33min（合 2000s）。检查瓶中 SF₆浓度后计算。

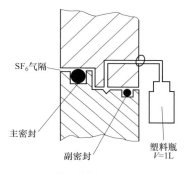

挂瓶检漏示意图

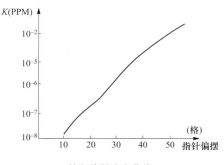

挂瓶检漏浓度曲线

b. 整机扣罩法：使用一个密封罩将 SF_6 设备整机罩住，一定时间后，用检漏仪测定罩内的 SF_6 气体浓度，然后算出泄漏量及漏气率。该方法主要针对体积较小的 35、10kV 的 SF_6 设备。密封罩可用塑料薄膜制成，为了便于计算，尽可能做成一定的几何形状，将罩子分上、中、下、前、后、左、右开适当的小孔，用胶带密封作为测试孔。

密封测试时间一般要求 24h 或 12h，如果达不到该要求，密封时间最少不低 8h，采用整体扣罩法可以得出的年漏气量：

$$M = (KV_0/t)VT \tag{5}$$

式中　K——各种测试孔的浓度平均值；

　　　V_0——SF_6 气体密度（比重），在 15℃ 1 个标准大气压下 6.16g/L；

　　　V——罩的体积减去设备的体积。

c. 局部包扎法：一般适用于组装单元和大型产品，对 220kV 及以上的 SF_6 设备及现场检漏。

局部包扎法其原理与扣罩法基本相同。其方法是用约 0.1mm 厚的塑料薄膜，按被检测设备的几何形状围一圈半，为了便于计算包扎腔的体积，尽可能构成圆形或方形，包扎时用胶带沿边缘粘贴密封，接缝向上，塑料薄膜与被检测设备之间应保持一定的空隙，一般为 5mm 左右，经过 12～24h 后测定包扎腔内 SF_6 气体的浓度，再根据包扎腔内泄漏气体的浓度、包扎腔的容积与被检测断路器的体积之差、测量时间、环境绝对压力等，可计算出漏气率或年漏气率。

局部包扎法检漏，也可按每个密封部位包扎后历时 5h，测定的 SF_6 的浓度不大于 30ppm 的标准。若大于 30ppm 应对其密封面或接头予以处理。

五、注意事项

（1）在现场进行试验工作时，试验人员应注意保持与带电体的安全距离不应小于安全规程中规定的距离。

（2）试验应在天气良好的情况下进行，避雷雨大风等天气应停止试验。

（3）定量检测时为了排除周围环境中残存的六氟化硫气体的影响，检测前应先吹尽设备周围的六氟化硫气体。

项目十一

现场充（补）气方法和工艺要求

一、相关知识点

1. 充注 SF_6 气体

由于 SF_6 断路器在制造厂已进行了抽真空处理，并充入了合格的较低压力的 SF_6 气体（一般绝对压力为 $0.125\sim0.13MPa$），检查和确认不漏气，断路器内部就不会受潮。只要按照充气工艺要求，将新 SF_6 气体充注到断路器铭牌规定的额定压力（折算到 $20℃$）就可以了。

2. 充气压力的确定

技术条件中给出的气压值为 $20℃$ 的值，当充气时的环境温度不是 $20℃$ 时，充气压力要根据环境温度加以修正。修正是根据 SF_6 气体的状态参数曲线，即可得到应该充气的气压值。

如图：

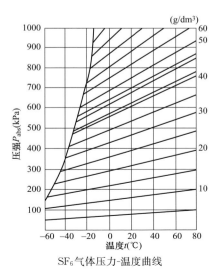

SF_6 气体压力-温度曲线

二、作业前准备

1. 充注 SF_6 气体之前的检查项目

（1）检查断路器极柱和操动机构均已按照产品安装使用说明书安装完毕。

（2）检查基础、支架、极柱、拉杆、操动机构等所有紧固螺栓，均已按要求的力矩拧紧。

（3）检查所有极柱均在正确的分闸位置。检查全部锁紧螺母、开口销均符合要求。

2. 充（补）气方法和工艺要求

对 SF_6 断路器充气和补气工作应由经过培训的专业人员进行操作。

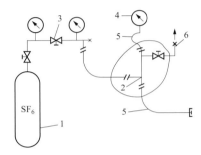

（1）主要工具及连接。

主要工具：SF_6 气瓶（带有接头）真空泵、减压阀、高精度真空/压力表、高压管道（如专用管，不锈钢软管，但是不宜用橡胶管）、充气分配装置等（平高厂提供的充气装置实际为带阀门的六通）。

（2）充注 SF_6 气体的管路连接示意图：

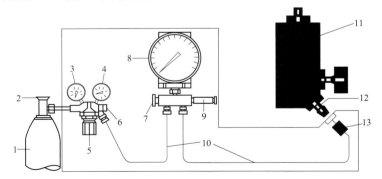

1—SF_6 气瓶；2—主阀；3—压力表（高压侧）；4—压力表（低压侧）；5—减压阀调节；
6—减压截止阀；7—带排气阀的分配器（用于密度计检查）；8—精密压力表（0～1.0MPa，0.4级）；
9—安全阀（1.0MPa）；10—软管；11—极柱；12—充气接头；13—测温计（测进气温度和环境温度）

三、危险点分析及预控

充注 SF_6 气体之前的注意事项：

（1）对 SF_6 断路器充 SF_6 气体，必须由经过专业技术培训的人员操作。

（2）应小心移动和连接气瓶，充气装置中的软管和断路器的充气接头应连接可靠。

（3）从 SF_6 气瓶中引出 SF_6 气体时，必须使用减压阀降压。

（4）运输和安装后第一次充气时，充气装置中应包括一只安全阀，以免充气压力过高引起绝缘于爆炸。

（5）避免装有 SF_6 气体的气瓶靠近热源或受阳光曝晒。

（6）使用过的 SF_6 气瓶应关紧阀门，戴上瓶帽，防止剩余气体泄漏。

（7）在对户外断路器充注 SF_6 气体时，工作人员应在上风方向操作；对户内断路器充注队气体时，要开启通风系统，尽量避免和减少 SF_6 气体泄漏到工作区域。要求用检漏仪检测，工作区域空气中现气体含量不得超过 $1000\ \mu L/L$。

（8）补、充气后应称钢瓶的重量。以计算补（充）入高压电器的气体重量；钢瓶内气体重量应标在标签上。

（9）充（补）气 12h 后，才可进行含水值检测。

（10）当密度继电器发出低气压报警信号，初次可带电补，若一个月内又出现补气信号，应申请停役。检查各密封处良好和继电器的动作可靠性。

（11）如 SF_6 气室经常补气，说明有漏点，可能会有水分进入气室，使含水量增大，应及时处理。

四、作业步骤

充注 SF_6 气体的操作步骤如下：

（1）按照"充注 SF_6 气体的管路连接示意图"进行连接（10 与 12 先不连接）后，依次打开主阀 2、减压截止阀 6、减压阀调节 5，直到软管 10（尽量缩短软管的长度）的出口处可听到微弱的气流声。

（2）让气体慢慢流过软管 10 至少 3m 以上，直到软管内壁充分干燥。

（3）关闭减压截止阀 6，将软管 10 与充气接头 12 连接紧密。

（4）在软管 10 靠近充气接头 12 端安装测温计 13。

（5）将减压截止阀 6 稍微打开，用减压阀调节 5 调节气流，以免充气过快时温度过低，在软管 10 和配件上产生冷凝结冰现象。

（6）根据测温计13的读数和"SF$_6$气体压力-温度曲线"，将20℃时的额定压力折算到进气温度下的修正压力（与环境温度无关，这一方法与各制造厂家的产品安装使用说明书中的说明不同）。

（7）充气过程中，仔细观察精密压力表8的读数至对应于进气温度的修正压力。

（8）关闭减压截止阀6和主阀2，等待足够的时间使断路器内部温度与环境温度基本达到平衡后，再根据"SF$_6$气体压力-温度曲线"和环境温度进行压力修正，与断路器上的压力表读数进行比较，调整SF$_6$气体的压力，最终使压力表的指针对准与该环境温度对应的修正压力值。

（9）关闭减压截止阀6和主阀2，等待足够的时间使断路器内部温度与环境温度达到平衡后，再根据密度表的读数，进行调整SF$_6$气体的压力（或密度），最终使密度表的指针对准额定压力（或密度）值。

如果断路器配置的是SF$_6$气体密度表，与使用压力表时的压力修正方法不同。其压力修正方法是：根据测温计13实测的进气温度和环境温度及它们之间的温差Δt，查"SF$_6$气体压力-温度曲线"，提出由Δt引起的压力增量Δp，再由与20℃对应的额定压力p减去Δp，即：$p-\Delta p=p_x$就是与进气温度对应的修正压力。充气过程中，应仔细观察SF$_6$气体密度表的读数至修正压力p_x为止。当等待一段时间，由于热传导作用使断路器内外温度达到平衡后，密度表的读数就会上升到与环境温度对应的密度值。如果使用密度表不进行压力修正，将会产生较大的密度（或压力）误差。误差的大小，与环境温度有关，即环境温度与SF$_6$气体的进气低温之间的温差越大，误差越大；反之，温差越小，误差也就越小。

一般使用的压力表或密度表，其测量范围为0.1～1.0MPa，准确级为1.0级，即最大允许误差为0.01MPa。充气后要等待足够的时间使断路器内部温度与环境温度基本达到平衡后，经过调整，最终使压力表或密度表的指针对准额定压力（或密度）值。这一概念，对于SF$_6$断路器的安装、检修时的充气和运行中的巡视检查及正确判断断路器是否有漏气现象是非常重要的。

（10）当充气满足要求后，关闭减压截止阀6和主阀2，拆除软管10以及其他充气装置，关闭充气接头12，拧紧有关的阀盖，锁紧有关的螺母，同时应保持各部件的清洁。

（11）如果三相极柱分别是独立的SF$_6$气体系统，则对其他两相充气时可重复上述步骤。

（12）如果在非常严寒的地区使用SF$_6$断路器，为了避免低温下SF$_6$气体饱和液化，应根据选择要求充入混合气体，混合气体通常由 SF_6 气体和 CF_4 气体组成，或者 SF_6 气体和 N_2 气体组成。

五、注意事项

（1）充气前，检验气体的质量标准，尤其是含水量，要符合标准。

（2）使用吸湿率低的专用管道，管道要保管良好，务必使内部经常保持清洁干燥，严禁随便使用不合格的管道，以防水分杂质带入设备。

（3）充气时，周围环境湿度应小于 80%。

（4）充气时应使用减压阀控制。减压阀保管良好，务必使其内部保持清洁干燥。

项目十二

西门子 SF_6 高压断路器 SF_6 气体巡视与校验

一、相关知识点

1. SF_6 气压巡视的目的

在运行巡视过程中，查看记录 SF_6 气体压力值是个重要的任务之一。巡视记录 SF_6 气体压力值的主要目的有以下几个方面：

（1）提前发现断路器可能存在的 SF_6 气体微小泄漏，将设备可能出现的缺陷或故障消除在萌芽的状态，避免由于设备的问题影响变电站的安全运行。

（2）发现断路器在运行过程中的 SF_6 气体异常的压力升高现象——尽快排除由于主触头接触电阻偏高而导致的严重后果的发生。

2. SF_6 密度继电器（B4）接点的校验的目的

按照 6 年一次或按停电预试周期进行，以便确认 SF_6 密度继电器报警及闭锁功能应正常。

二、作业前准备

1. SF_6 气压巡视时准备项目

（1）收集断路器 SF_6 压力表运行、检修记录和缺陷情况。

（2）收集断路器的相关资料信息：操作说明书、交接试验报告。

2. SF_6 密度继电器（B4）接点校验装置介绍

（1）B_4 的结构：

（2）B_4 的位置：

（3）西门子 $SF_6 B_4$ 的校验和充气装置：

（4）西门子 $SF_6 B_4$ 的测试接头：

密度继电器监测接口 W2

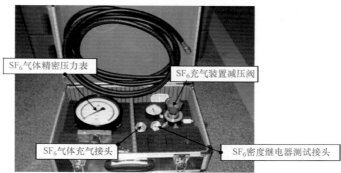

SF_6 气体精密压力表

SF_6 充气装置减压阀

SF_6 气体充气接头

SF_6 密度继电器测试接头

西门子 $SF_6 B_4$ 的检验装置

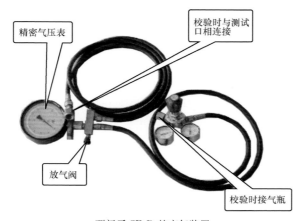

精密气压表

校验时与测试口相连接

放气阀

校验时接气瓶

西门子 $SF_6 B_4$ 的充气装置

测试接头

三、危险点分析及预控

1. SF_6气压巡视的注意点

（1）在判断为泄漏之前还须排除以下几种情况：

1）气压表本身是否能准确指示开关内的实际压力。

2）本开关是否存在经多次测量微水而没有及时补充气体的情况。

3）是否确实存在比站内其他开关气体压力低的情况。

（2）建议用户记录站内所有开关每次做微水后的气体压力值和相关的补气情况，以做判断依据。巡视记录的间隔时间可以是每周两次或者每周一次。

2. SF_6密度继电器（B_4）注意点

（1）拆卸密度计检测口螺母时，为了防止密度计受损，单向阀处须用其他合适的工具配合用力。

（2）装回检测口螺母之前清洁密封面，并更换相关密封圈。

（3）打开检测口螺母时，单向阀处可能会有气体少量泄漏，只要不影响密度计接点的校验，无需更换和处理。

（4）报警闭锁值与温度有关，而现场温度是一个不可控制的因素（环境温度与 SF_6 气室内及密度计标准气室的温度不完全等），运行的断路器校验密度计的判断标准为泄漏与闭锁压力值之间的差值必须在合格范围之内（$0.2\sim0.35bar$，$1bar=10^5Pa$）。

四、作业步骤

1. SF_6气压巡视的方法

（1）单台西门子断路器变电站的巡视，需要与当时的温度配合起来巡视记录，并根据 SF_6 的温度压力曲线表计算来判断是否有泄漏。

（2）多台西门子断路器变电站的巡视：可以不必太在意当时的环境温度，我们可以通过开关之间的横向比较来判断开关是否存在泄漏的可能性。

（3）SF_6 温度压力近似计算公式：$p_t = p_{20} + \Delta p$（bar）。$\Delta p = \Delta t \times 0.03$（bar），$\Delta t = t - 20$（℃）$p_{20}$（20℃时开关本体气体的额定压力值，单位为 bar）。

2. SF_6 气体密度继电器的模拟校验

当断路器充气完毕后，密度计的校验只能使用充气装置通过密度计的测试口来进行，具体方法如下：

（1）按图连接充气装置（充气装置提供两个接头，一个充气接头和一个测试接头，校验密度计使用测试接头），减压阀侧与气瓶连接。

（2）打开测试口螺母，并与充气装置的测试接头相连。

（3）打开减压阀，使高压气体充进管道，观察精密气压表，使气体压力达到报警值以上。

（4）关闭减压阀，微微打开精密气压表的放气阀，使管道内的气体缓慢泄压（泄压的快慢直接影响报警闭锁接点的准确性）：同时测量密度继电器的报警闭锁接点，测得密度继电器的接点状态发生变化时，马上关闭放气阀，此时精密气压表上的读数即为该接点相应的动作值。

（5）为了准确，请重复校验多次。所需工具：32 号开口扳手、10 寸（20mm）活扳手、15 寸（300mm）活扳手、万用表；每台所需时间约 30min。

五、注意事项

（1）SF_6 密度继电器校验时应确认开关处于非运行或非备用的状态（断路器的控制箱交流、直流电源切断）。

（2）断路器专用的 SF_6 密度继电器测试接头与减压表、充气软管、精密压力表以及 SF_6 气瓶进行校验之前的连接。

（3）测试前应用气瓶内的 SF_6 气体对所组装好的校验装置进行冲洗。

（4）测试时周围环境湿度应小于 80%。

高压断路器液压机构巡视与检验

一、相关知识点

配备液压操作系统的断路器，巡视的主要任务除了检查记录 SF_6 气体压力值之外，就是查看断路器是否有外泄现象和打压频繁现象。液压油外泄渗漏是一个可以观察到的现象，但这里有一个如何区分是否为液压油，以及如果是液压油是否仍在渗漏还是已经停止渗漏的问题（即是新油与旧油的区分）：刚渗漏出的液压油颜色鲜艳，呈粉红或者红色，时间长了之后因空气的氧化作用颜色会变深，并能拉出黏丝。不满足以上条件的不是液压油。如果液压油不成滴，且已被氧化，则可以认为泄漏已经停止，可以不进行处理。

二、作业前准备

（1）在液压机构断路器的巡检过程中，还需要检查断路器周围有无异常情况出现，如：一次回路主接线端子温度有无异常；断路器机构箱的下方有无油迹；控制箱的内部有无液压油的渗漏和进水等情况。

（2）液压油外泄渗漏：

1）液压油及新老油的区分：刚渗漏出的液压油颜色鲜艳，呈粉红或者红色。泄漏出来的液压油时间长了之后因空气的氧化作用颜色会变深，并能拉出黏丝。

2）是否处理的判断依据：如果泄漏出来的液压油不成滴，且已被氧化，则可以认为泄漏已经停止，可以不进行处理。

（3）频繁打压：可能是由二次油泵控制回路中相关电器元件损坏引起，也可能是油泵内有空气导致油泵工作效率降低而造成的，不同的原因决定不同的处理方案。

（4）高油压：夏天气温较高时，油压表指示值可能会超过 355bar（1bar＝10^5Pa），这是正常现象，不会导致 N_2 泄漏闭锁，也不会影响高压断路器的正常

66

运行及正常分合闸操作。如果因气温原因，压力持续升高，自恢复安全阀会自动开启。有时会发现压力值超过油压表上的警示红线以上，这种情况也不必去理会，因为安全阀的开启压力单个产品存在着差异（安全阀开启压力的动作范围：375～412bar，具体内容可见操作说明书），压力释放到安全范围之后，安全阀会自动关闭。在安全阀自动关闭的过程中，为了建立新的平衡，短时间内可能会有频繁打压现象，但随着时间的推移，这一现象会自行消失，运行人员可以不必理会。

（5）电子式压力接点：3AQ/3AT 产品中有部分使用了机械式压力接点，其余为电子式压力接点。机械式压力接点和电子式压力接点都是监控油压的设备，电子式压力接点正常运行情况下是绿灯亮。如果红灯亮了表示该装置出现了故障，请及时通知西门子公司。电子式压力接点需专用的软件和设备进行压力值的调整。

三、危险点分析及预控

由于液压系统中高压部分和无压部分之间的泄漏、油内混入较多空气、环境温度的变化（温度变动情况大约为 1bar/1℃）、N_2 泄漏以及外部不正常的泄漏等原因，油压力会产生动缓慢的下降。

现场查看液压机构工作、实际压力及环境温度情况，是否存在外部泄漏等，若每次打压后油压力正常一般认为是内部泄漏或空气混入，油压升高较多可能是 N_2 泄漏。

四、作业步骤

1. 机构的巡视

（1）断路器机构箱的下方有无油迹；控制箱的内部有无液压油以及雨水的渗漏等，加热器有否开启（要求长期投入运行）。

（2）压力接点的基本参数：

1）油压分闸闭锁：（253±4）bar（3AQ），（263±4）bar（3AT），由 B2/1-2-3（分闸Ⅰ闭锁）、B2/7-8-9（分闸闭锁Ⅱ）接点提供。

2）油压合闸闭锁：（273±4）bar（3AQ），（278±4）bar（3AT），由 B2/4-5-6 接点提供信号。

3）自动重合闸闭锁：（308±4）bar，由 B1/7-8-9 接点提供信号。

4）自动起泵压力：（320±4）bar，由 B1/1-2-3 接点提供信号。

5）N_2泄漏闭锁：（355±4）bar，由 B1/4-5-6 接点提供信号。

6）安全阀动作值：375～412bar，恢复值大于油泵启动值 10bar 以上。

2. 油泵排气

在 3AQ/3AT 系列断路器实际运行的过程中，偶尔会发生油泵连续运转或频繁起泵的情况，此时断路器液压系统的油压会维持在一个相对较低的压力水平（320～310bar，甚至更低），关闭油泵的电源后，液压系统的油压值能够保持不变（由此可以说明系统的内漏基本不存在）。经过现场的检查，发现导致问题产生的原因如下所述：

由于断路器长时间的运行，导致在液压系统的油泵低压部分聚积了一定量的气体，由于气的存在，油泵不能有效地将液压油从低压部分输出到高压部分，从而出现油泵持续运转而油压不能升高的情况。严重时油泵还会由于液压油自润滑功能被气体削弱而导致相关的电气故障（接触器烧毁）或机械故障（油泵损坏）。

现场解决该类的问题只要对油泵进行排气即可（如果负荷重要断路器不能退出运行也可以对油泵进行处理），具体的过程如下所述：

（1）断路器可退出运行时的排气方法：

1）关闭储能回路的电动机电源开关，将压力泄为零。

油泵排气塞   泄压阀

2）将油泵上的排气塞部分松开（用 10 号开口扳手），并保持松开的状态，可以看到有气泡从排气塞边冒出；当排出的油无气泡时，用手拧紧排气塞。

3）合上储能回路的电动机电源开关，让油泵空转约 1min（此时卸压螺栓保持在卸压状态）。

4) 反复以上步骤 1) ～3），排气，油泵空转，直至泵体内无气体排出。

5) 关闭油泵排气螺栓并拧紧，合上储能回路的电动机电源开关，检查储能筒氮气预充压力。

6) 储压到正常压力后，在系统允许的情况下，分合断路器 2～3 次。

7) 卸压，再次检查油泵内有无气体存在。

8) 结束操作，关闭泄压阀，锁紧泄压螺栓。

（2）断路器未能退出运行时的排气方法：

1) 关闭油泵回路的电动机电源开关。

2) 将油泵上的排气塞部分松开，保持松开的状态，当排出的油无气泡时，用手拧紧排气塞。

3) 合上油泵回路的电动机电源开关，泄压至油泵自动打压。

4) 反复以上步骤 1) ～3），排气，直至泵体内无气体排出。

5) 关闭油泵排气螺栓并拧紧，合上油泵回路的电动机电源开关。

6) 再次泄压至油泵启动，计算一下到自动停泵的时间（补压时间大致为 10s 左右）。

7) 结束操作，锁紧泄压螺栓。

注意点：

a. 由于断路器未能退出运行，排气时严禁碰触接触器。

b. 油压严禁泄至自动重合闸闭锁压力值以下。

c. 油泵顶部的排气孔小螺栓为紫铜螺栓，表面有镀层，拧紧时切勿拧断。

（3）操作时所需的工具：8 号开口扳手（两把）、10 号开口扳手、酒精、抹布适量。

（4）所需时间：根据油泵低压部分气体量的多少，所用的时间有所差异，以排尽气体为标准。检查该类故障的同时（针对能退出运行的断路器），建议检查一下断路器相关的油压接点的设定值，确认相关的油压接点动作值的准确无误，以保证液压储能系统的正常运行。

五、注意事项

（1）断路器运行时处理过程中因为开关的直流回路带电，工作人员注意直流触电的危险性。

（2）排气结束后，关闭油泵排气螺栓，将卸压螺栓旋出至运行位置并用锁紧螺母锁紧。

项目十四

高压断路器弹簧机构巡视与检验

一、相关知识点

弹簧操作机构断路器的巡检项目，除了 SF_6 气体压力值之外，还有以下几个重要的方面：

（1）机构箱的密封防尘防水性能。

（2）电器元件有无异味、焦痕。

（3）分合闸缓冲器是否有渗漏油的现象。

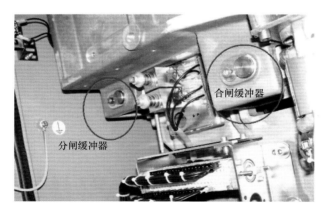

合闸缓冲器

分闸缓冲器

分合闸缓冲器

（4）机构箱底部是否有金属异物（金属小颗粒如短圆柱子等），如果发现有金属异物，请及时通知相关专业部门。

二、作业前准备

弹簧的储能借助电动机通过减速装置来完成，并经过锁扣系统保持在储能状态。开断时，锁扣借助磁力脱扣，弹簧释放能量，经过机械传递单元使触头运动。

（1）操作机构传动部件外观正常，外壳无裂缝。机构各轴、销、锁紧垫片外观检查正常。

如果发现传动部件外观异常应查明原因。如发现锈蚀在停电维护工作中应启动机构箱密封检查处理工作。

（2）检查缓冲器有无漏油痕迹，固定轴，卡圈是否正常。

如果发现缓冲器存在渗油应查明原因，并在停电维护工作中启动缓冲器更换工作。

三、危险点分析及预控

在断路器的巡视过程中，不得随意改变设备内部元件的运行状态，在没有专业人员在场的情况下，不得人为地对设备进行储能操作或用手按动设备内部接触器的触点。在设备运行的过程中，如遇到设备出现缺陷或故障，应立即通知相关部门进行处理，同时告知设备在出现问题前相关的运行状态以及故障前相关的检修、光字牌等信号情况。如断路器可以操作，一般情况下不得擅自对断路器进行任何除分闸以外的操作（包括故障复位），特殊情况另行处理。

四、作业步骤

1. 弹簧机构巡视

（1）断路器控制箱（机构箱）底部检查：

打开控制箱（机构箱）门，检查断路器机构箱底部是否存在有碎片、异物、油污现象。

（2）操作机构目检：

1）打开机构箱门，对操作机构外观进行检查，操作机构传动部件外观正常，外壳无裂缝。机构各轴、销、锁紧垫片外观检查正常（轴、销无碎裂、变形，锁紧垫片无松动）。

2）检查缓冲器底部应无漏油痕迹，固定轴，卡圈是否正常。缓冲器内部油为红色。机构底部表面应无油污、油渍。

2. 弹簧机构故障实例

（1）实例1：由于啮合器卡死，导致返回弹簧失效，巡视时需检查机构内部受潮、传动部位锈蚀情况加以预防。

（2）实例2：凸轮驱动装置设有与凸轮同心固定且有一段缺齿部分的大齿

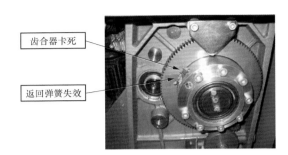

轮，以及与大齿轮啮合且由驱动源驱动的小齿轮。大齿轮的缺齿部分设在合闸弹簧储能完毕后立即同小齿轮脱离啮合的位置上，其结构设计使小齿轮能平稳地与大齿轮啮合。驱动源的负载无脉动，因此可以降低其容量。传动小齿轮装配方式由于热胀冷缩的原因可能导致储能时打滑。

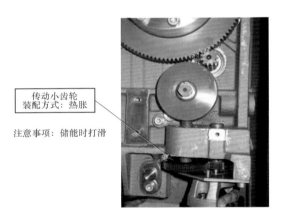

（3）实例 3：合闸线圈铁心卡涩故障表现为合闸后首次储能不成功，原因可能为机构受潮，传动轴销锈蚀，可通过长投加热器加以预防。

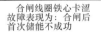

（4）实例 4：分、合闸缓冲器是为了在断路器分、合闸结束时缓冲器可以吸收断路器分、合闸弹簧的剩余能量，保护机构避免受到太大的冲击，减小分、合闸弹振，一旦分合闸缓冲器漏油，可能导致能量无法释放损坏断路器，严重的可能导致开关爆炸。

分合闸液压缓冲器漏油

五、注意事项

（1）现场巡视与检修时应注意防止机械挤伤，误碰撞分合闸线圈导致弹簧能量释放时伤人，检修时应将储能电源和控制电源拉断。

（2）定期对储能传动部件进行润滑，条件允许时实际操动多次进行检查。

项目十五

变电站接地导通试验

一、相关知识点

接地装置导通试验又叫作接地装置的电气完整性试验，通过接地导通试验可以检查接地装置的电气完整性，即检查接地装置中应该接地的各种电气设备之间、接地装置的各部分及各设备之间的电气连接性，一般用直流电阻值表示。保持接地装置的电气完整性可以防止设备失去接地运行，提供事故电流的泄流通道，保证设备安全运行。

二、作业前准备

（1）选用专门的接地导通电阻测试仪，仪器分辨率为 1mΩ，准确度不低于 1.0 级，仪器输出电流一般为 10~50A。

（2）选用伏安法，高阻抗电压表和低阻抗电流表准确度均不应低于 1.0 级，电压表分辨率不低于 1mV，电流表量程根据电流大小选择。

（3）查看变电站接地网图纸等相关资料，了解整个接地网的情况，根据变电站大小、设备布置情况对测试设备分区以减少测试时工作量。宜按照不同电压等级分区进行。

（4）准备试验所需接地导通电阻测试仪、电源接线板（盘）、万用表、锉刀等工器具，记录参考点位置，熟悉接地导通电阻测试仪的使用说明和操作要求，查看仪器设备的有效期。

三、危险点分析及预控

（1）防止人身触电。测试时注意与带电设备保持足够安全距离，测试时严禁人员触摸被测试接地引下线。移动仪器时必须保证仪器处于断电状态。

（2）防止设备损坏。试验设备可靠接地。仪器无输出电流时方可以移动线夹。

四、作业步骤

（1）选取参考点。宜选取多点接地设备引下线为基准，在各电气设备的接地引下线上选择一点作为该设备导通测试点。

（2）准备好仪器设备，将接地导通电阻测试仪输出连接线分别接到参考点和测试点。

（3）打开仪器电源，调节仪器输出某一电流值，记录相应的直流电阻值。

（4）调节仪器使输出为零，断开电源，将测试点移到下一位置，一次测试并记录。

五、注意事项

（1）试验应在天气良好的情况下进行，雷雨天气严禁测量。

（2）试验中对测试点擦拭、除锈、除漆，保持仪器线夹与参考点、测试点的接触良好，减小接触电阻的影响。

（3）为确保历年测试点的一致，便于对比，可对测试中各参考点、设备的测试引下线等做好记录。

（4）试验时应该测量不同场区之间地网的导通性。

（5）发现测试值在 50mΩ 以上时，应反复测试验证。

（6）试验时仪器操作人员、数据记录人员、移动线夹人员应该明确固定。

（7）试验结果按照《接地装置特性参数测量》（DL/T 475—2006）和《输变电设备状态检修试验规程》（Q/GDW 188—2013）两个规定执行。

变电站试验范围：各个电压等级场区之间；各高压和低压设备，包括构架、分线箱、汇控箱、电源箱；主控及内部各接地干线，场区内和附近的通信及内部各接地干线；独立避雷针及微波塔与主地网之间；其他必要的部分与主地网之间。

（8）试验标准及要求：

1）良好的设备测试值在 50mΩ 以下。

2）50～200mΩ 的设备连接状况尚可，宜在以后例行测试中重点关注其变化，重要的设备宜在适当的时候检查处理。

3）200～1000mΩ 的设备连接状况不佳，对重要设备应尽快检查处理，其他设备宜在适当时候检查处理。

4）1000mΩ 以上的设备与主地网为连接，应尽快检查处理。

5）独立避雷针的测试值应该在 500mΩ 以上。

6）测试中相对值明显高于其他设备，而绝对值不大，按要求 2）处理。

a．试验结果分析。

b．试验报告填写。原则上，试验报告中应该填写变电站名称、测试仪器型号、被测试设备的名称、参考点位置、测试点位置、直流电阻值、测试时间、地点、天气、人员等。

气体继电器集气盒取气作业

一、相关知识点

大型变压器瓦斯继电器为了方便工作人员收集气体，从变压器顶部瓦斯继电器上顺着引气软铜管进入集气盒，方便取气。

二、作业前准备

（1）确认工作地点变压器瓦斯继电器型号与结构，确认集气盒型号与安装位置。

（2）准备取样器、变压器油桶、清洁布、棉线手套。

三、危险点分析及预控

（1）工作前确认变压器运行情况与瓦斯保护工作状态。

（2）放气时严禁烟火。

（3）工作时严防跑错间隔，注意与带电部位保持足够的安全距离，严防人身触电。

四、作业步骤

（1）确认变压器运行情况，注意观察后台信息，是否有"轻瓦斯动作"光字牌、轻瓦斯报警报文、主变压器保护屏非电量保护装置异常等信息。

（2）现场观察瓦斯继电器气体情况，观察集气盒气体情况。

（3）确认变压器重瓦斯保护已由跳闸改信号。

（4）完成工作票相关办理。

（5）确认气体继电器的出气阀门及集气盒的引入阀 1 处于打开状态。

（6）打开集气盒下部排油塞并打开出油阀3，慢慢将盒内变压器油放出至变压器油桶，随着盒内油位降低，瓦斯继电器内积气顺着引气软铜管进入集气盒内。

（7）当通过观察窗一看见油位线时立即关闭出油阀3，旋上出油阀3的密封帽，同时观察到"轻瓦斯"信号消失时，表示瓦斯继电器内已无积气。

（8）取下出气阀2的密封帽，连上取样器，打开出气阀2进行取气，取气结束后关闭出气阀2，取下取样器，记录气体容量。

（9）再次打开出气阀2慢慢将集气盒内多余的气体排出，直到有变压器油溢出时关闭出气阀2，此时观察窗内无气体，全部充满变压器油，表示集气盒内积气已放净，用清洁布擦净集气盒排气塞，旋紧排气塞。

（10）清理工作现场并确认变压器运行正常，注意观察后台信息均已返回，气体检验分析。

 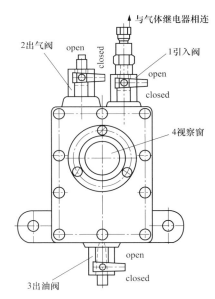

五、注意事项

（1）现场已发生多次集气盒观察窗玻璃破碎情况，发生此类问题时立即关闭引入阀1，更换观察窗玻璃，更换结束后应先打开出气阀2，再打开引入阀1让集气盒内的空气全部排掉，防止空气进入变压器。

（2）放油时不能将集气盒内的变压器油放净。

（3）放气时要把集气盒内气体全部放净。

项目十七

主变压器冷却器现场冲洗作业

一、相关知识点

对于现场运行的强油风冷主变压器，当发现主变压器油温升得比较高时，常常怀疑冷却器翅片比较脏或者发生堵塞，导致散热不良，此时一般建议对冷却器进行彻底的冲洗。

冷却器背面冲洗

冷却器正面冲洗

二、作业前准备

（1）冲洗设备检查无异常，记录冷却器工况。

（2）冲洗机用临时电源接好。

（3）冲洗水源准备。

（4）冲洗前关闭冷却器电源，对分控箱、油泵及周围附件进行包扎，防止进水。

（5）工器具准备：冲洗泵或高压水枪，或汽车冲洗机。

三、危险点分析及预控

（1）冲洗一般应在良好天气时进行。

（2）冲洗前后需要对主变压器温度进行全面的记录，以确定冲洗效果。

（3）另外如现场条件限制，只要冲洗效果明显，可以不打开风机网罩。

四、作业步骤

（1）首先从冷却器的后面（变压器油箱侧），开始冲洗冷却器本体冷却管、翅片。

（2）其次再从冷却器的正面方向冲洗，"水枪必须要能穿过冷却器风机网罩"对内部四周的冷却管、翅片进行全面冲洗（这一点非常重要）。

（3）在冲洗结束并重新投入运行前测量风机引线的绝缘电阻是否良好。

（4）冲洗时应从冷却器上部往下部冲洗。

（5）脏污无法冲洗时，可用非金属中柄毛刷对污物进行清理。

五、注意事项

（1）作业现场禁止吸烟及明火。

（2）做好防滑、防坠落、防低压触电措施。

（3）作业人员和带电部位保持足够的安全距离。

（4）冲洗工作中，水珠不能射向风扇电动机。

（5）水珠较强时，特别注意产生的水雾远离套管。

（6）冲洗人员转移时，关闭水枪，将水枪传递给辅助人员，严禁冲洗人员在打开水枪的情况下保持水枪移动。

（7）第一组冷却器冲洗完成后，禁止立即送电。等第二组冲洗完成后，检查第一组冷却器分控箱是否受潮，确认正常后送电（防止措施保留）。再进行第三组冲洗，依次进行。

项目十八

变电站防火、防小动物封堵检查维护

一、相关知识点

在变电站中，为防止火灾和小动物引发短路事故，凡穿越墙壁、楼板和电缆沟道而进入控制室、开关室、电容器室、消弧线（接地变）室、所用变室、保护室、电缆夹层、电气柜（盘）、交直流柜（盘）控制屏及仪表盘、保护盘等处的电缆孔、洞均应进行封堵。防火封堵主要采取封、堵、隔、涂、包等措施。变电站中防火及防小动物封堵主要部位有：①竖井和进入油区的电缆入口处；②室外端子箱、电源箱、控制箱等电缆穿入处；③室内电缆沟电缆穿至开关柜的入口处。

二、作业前准备

（1）封堵材料与工具的准备。封堵材料包括有机堵料、无机堵料、耐火隔板、防火涂料、防火包带、防火包。电缆防火封堵材料必须经过国家防火建筑材料质量监督检验测试中心的检测，并提供检测合格文件，材料质量符合质保书要求。封堵材料必须通过省一级消防主管部门鉴定，并取得消防产品登记备案证书。材料的质量、外观必须符合下列要求：

1）有机堵料不氧化、不冒油、软硬适度。

2）无机堵料不结块、无杂质。

3）防火隔板平整光洁、厚薄均匀。

工作前应准备以下工具：皮卷尺、手持式切割机、电源线盘、手电钻、220V冲击钻、加热设备、支架、电工常用工具包。

（2）施工准备：

1）核对施工图，确认各类的封堵方式符合设计及规范要求，编制施工方案（复杂工作），并完成编审批流程。

2）人员组织：技术人员，安全、质量负责人、施工人员。现场工作交底，明确工作内容、工作范围、危险点、安全注意事项。

3）根据本次作业的项目，组织作业人员学习作业指导卡，使作业人员熟悉作业内容、工艺要求、作业标准、安全注意事项。

4）维护工作应事先准备作业卡，消缺工作应根据现场工作时间和工作内容落实工作票，并掌握危险点与控制措施。

三、危险点分析及预控

（1）使用前，认真学习切割机、钻孔机安全操作规程，安全操作牌悬挂于显眼处；定期保养，及时维护电动机械。

（2）电钻、电源线绝缘良好，开关灵活，配置漏电保护插座，安装后及时清理杂物，关闭电源开关。

（3）工作负责人（监护人）不得兼做其他工作，切实履行监护职责，防止重大风险。

（4）临时打开的盖板周围应设置围栏，并挂警示标识。

（5）工作时严禁烟火。

（6）清除电缆旁堵料时，严禁使用锋利工具，防止电缆损伤。

四、作业步骤

（1）电缆防火封堵。

1）防火隔板的施工：

a. 安装前应检查隔板外观质量情况，检查产品合格证书。

b. 防火隔板的安装必须牢固可靠、保持平整，缝隙处必须用有机堵料封堵严密。

c. 固定防火隔板的附件需达相应耐火等级要求。

2）有机防火堵料的施工：

a. 施工时将有机防火堵料密实嵌于需封堵的孔隙中。

b. 所有穿层周围必须包裹一层有机堵料（不得小于 20mm），并均匀密实。

c. 有机防火堵料与其他防火材料配合封堵时，有机防火堵料应高于隔板 20mm，呈几何形状。

d. 电缆预留孔和电缆保护管两端口应用有机防火堵料封堵严密。堵料嵌入管口的深度不小于 50mm。

3）无机防火堵料施工：

a. 施工前整理电缆，根据需封堵孔洞的大小，严格按产品说明的要求进行施工。当孔洞面积大于 0.1m²，且可能行人的地方应采用加固措施。

b. 构筑阻火墙时，阻火墙的厚度不小于 250mm。

c. 阻火墙应设置在电缆支（托）架处，构筑牢固；室外电缆沟的阻火墙如设电缆预留孔时，应用有机堵料封堵严密，底部设排水孔洞。

4）阻火包施工：

a. 施工前，将电缆做必要的整理，检查阻火包有无破损，不得使用破损的阻火包。

b. 在电缆周围宜裹一层有机防火堵料，将阻火包平服地嵌入电缆空隙中，阻火包应交叉堆砌。

c. 当用阻火包构筑阻火墙时，阻火墙底部用砖砌筑支墩并留排水孔，应采取固定措施以防止阻火墙坍塌。

5）自黏性防火带施工：

a. 施工前做电缆整理。

b. 按产品说明书要求进行施工。

c. 允许多根小截面控制电缆束缠绕自黏性防火包带，两端缝隙用有机防火堵料封堵严实。

6）电缆层涂料施工：

a. 施工前清除电缆表面的灰尘、油污。涂刷前，将涂料搅拌均匀，若涂料太稠时应根据涂料产品加相应的稀释剂稀释。

b. 水平敷设的电缆，宜沿着电缆的走向均匀涂刷，垂直敷设电缆，宜自上而下涂刷，涂刷次数及厚度应符合产品的要求，每次涂刷的间隔时间不得少于 8h。

c. 遇电缆密集或束敷时，应逐根涂刷，不得漏涂。

d. 电缆穿越墙、洞、楼板两端涂刷涂料时，涂料得长度距建筑的距离不得小于 1m，涂刷要整齐。

（2）常见部位防火封堵施工。

1）控制柜封堵平面图：

施工说明：

a. 控制柜（屏）封堵必须采用 10mm 以上防火板铺设底部或用无机堵料在有机堵料周围浇制。

b. 防火板必须铺设平整，用有机堵料堵满空隙缝口。

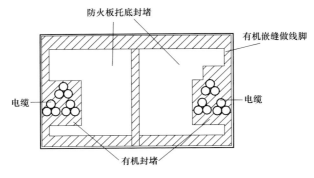

控制柜封堵平面图

c. 防火板缝口及电缆周围用有机堵料密实封堵，做线脚。

d. 线脚尺寸厚度不得小于 10mm、宽度不得小于 20mm，电线周围有机堵料的边沿距电缆的距离不小于 40mm。

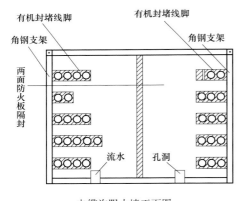

电缆沟阻火墙正面图

e. 采用防火板封堵时，孔洞内应用有机堵料包塞电缆周围，并用防火包塞满孔洞，铺设平整。

2）电缆沟阻火墙正面图：

施工说明：

a. 电缆沟阻火墙必须采用镀锌或防锈涂刷过的角钢做支架。

b. 两面宜采用 10mm 以上厚度防火板封隔，沟底部用砖块砌作，留排水洞，上部加盖防火板。

c. 沟底和电缆周围采用有机堵料封堵密实，其他部位宜用防火包封堵。

d. 阻火墙顶部用有机堵料塞平整，并加盖防火隔板。

e. 防火板两面电缆部位和中缝间用有机堵料做线口封堵。

3）电缆竖井封堵平面图：

施工说明：

a. 电缆竖井必须按防火标准规范施工。

b. 电缆竖井一般采用角钢托架，用 20mm 以上耐火板托底封堵。

c. 底面部孔隙口及电缆周围必须采用有机堵料密实封堵。

d. 按产品说明书要求配制的无机堵料浇制的厚度不得小于 200mm。面层要平整，有机封堵做线脚。

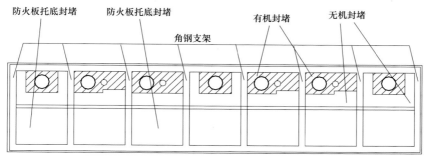

电缆竖井封堵平面图

4）电缆层涂料示意图、开关箱进线洞、孔封堵正面图。

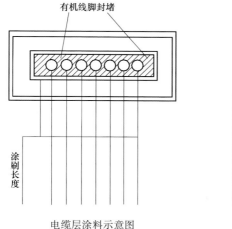

电缆层涂料示意图

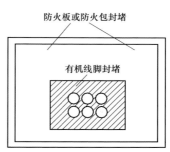

开关箱进线洞、孔封堵正面图

施工说明：

a. 开关箱、控制屏（柜）及开关箱进线孔洞，根据洞口大小，要用有机堵料或用防火包封堵。

b. 电缆周围必须用有机堵料包塞密实，电缆根部用有机堵料包塞电缆周围。

（3）收尾工作。工作结束前，做好工作现场清理工作。

五、注意事项

（1）使用合格的工器具，防止低压触电。

（2）作业时防止误碰运行设备，防止损伤电缆。

（3）防止人员跌落电缆沟、电缆井。

项目十九

防汛设施检查维护

一、相关知识点

根据地区气候特点和设备实际，配备适量的防汛设备和防汛物资，防汛设备在每年汛前要进行全面的检查、试验，确保设备处于完好状态；防汛物资要专门保管，并有专门的台账。

定期检查开关、瓦斯继电器等设备的防雨罩是否扣好，端子箱、机构箱等室外设备箱门是否关闭，密封是否良好。雨季来临前对可能积水的地下室、电缆沟、电缆隧道及厂区的排水设施进行全面检查和疏通，做好防进水和排水措施。下雨时对房屋渗漏、下水管排水情况进行检查。雨后检查地下室、电缆沟、电缆隧道等积水情况，并及时排水，设备室潮气过大时，及时检查除湿机、空调运行情况，或采取通风措施。

变电站应根据本地气候条件制订出切实可行防风管理措施，刮大风时，应重点检查设备引流线、阻波器、瓦斯继电器的防雨罩等是否存在异常。定期检查和清理变电站设备区、变电站围墙周围的漂浮物等，防止被大风刮到变电站运行设备上造成故障。

二、作业前准备

工作前应准备《变电站电缆沟下水孔布置图》《变电站防汛物资台账》等资料；准备检查工具，如铁铲、铁锹，手电筒等。

三、危险点分析及预控

（1）防止电缆沟坍塌。

（2）防止低压触电。

（3）工作时存在被电缆盖板及工器具砸伤、跌落的危险，应由两人及以上一起工作，并可靠放置好翻起的电缆盖板等物品，电缆盖板翻起后由专人监护，及时恢复，防止人身伤害。

四、作业步骤

（1）日常防汛设施检查。日常防汛设施检查表见表1。

表1   日常防汛设施检查表

序号	工作内容	标准/要求	结 果	
			√	○
1	雨水井	（1）水位正常； （2）备用泵切换试验正常		
2	电缆沟	（1）按照电缆沟下水孔布置图逐个检查； （2）无杂物堵塞，过滤杂物盖无破损		
3	屋顶下水口	（1）入口无杂物堵塞，过滤杂物盖无破损； （2）下水管通畅、无破损		
4	变电所围墙	（1）无坍塌、大裂纹； （2）围墙外排水沟畅通		
5	检查周边环境	无存在威胁所内设备安全的情况		
6	检查事故油池	应无满水		
7	防雨塑料薄膜	数量符合台账要求，无老化变形		
8	备用移动抽水泵	（1）外观完好，无严重锈蚀； （2）摇测绝缘良好； （3）瞬时通电试验能转动； （4）水管外观完好，无破损、老化		
9	电源线盘	外观完好，无破损、老化，触保器试验正常		
10	应急灯	灯光强度正常		
11	智能头灯	灯光强度正常		
12	雨靴	数量符合台账要求，无破损、老化		
13	雨衣裤	数量符合台账要求，无破损、老化		
备注				
填写要求："√"代表正常；"○"代表异常，并在备注栏内填写异常情况				

（2）防汛抗台特巡检查。防汛抗台特巡检查表见表2。

表2　　　　　　　　　　防汛抗台特巡检查表

序号	检 查 内 容	结果	
		√	○
1	通知保卫人员及有关现场施工人员做好防台防汛准备，尽快结束站内的施工及维护工作，整理或收拢户外物品		
2	检查主设备是否有损坏或异常，特别注意伸缩型隔离开关是否有弯曲，阻波器是否有异常倾侧、导线是否挂有异物、瓷瓶是否有闪络痕迹等		
3	大风时，重点检查设备引流线、阻波器、瓦斯继电器的防雨罩等是否存在异常或摆动过大，危及临近设备安全等		
4	检查全所继电保护、自动化设备等是否正常；闭锁式高频保护增加1～2次通道测试		
5	检查故障录波器是否能顺利调用，站内通信及录音系统是否正常		
6	检查仪表、操作工具是否完好，对讲机、电筒充足电，准备雨披等		
7	检查站内建筑物门窗是否关紧，无损坏		
8	检查"五小箱"门是否关紧，箱内加热器是否正常，无进水、损坏		
9	检查变电站屋顶排水管道是否堵塞，房顶是否渗漏。必要时用塑料袋和防水胶布封住窗户和漏洞。重点：开关室、控制室、保护室等房屋门窗		
10	检查站内电缆沟、雨水泵等排水系统是否正常，并经手动排水试验正常		
11	检查事故照明等是否正常		
12	检查户外照明灯等非设备类设备固定情况是否良好，运行是否正常		
13	检查变电站内有无可能危及到设备安全的树木或物品等，拆除临时安全围栏，加固不牢固物品		
14	检查变电站周边环境，发现有可能危及到设备安全的树木、临时建筑或漂浮物品时应及时通知相关方采取预防措施，必要时汇报安全监察质量部门予以协调处置		
15	检查发电机接口是否正常，满足应急响应要求。配置有固定式发电车的应经试验正常，并备有足够的柴油		
16	检查防汛抗台物资储备情况，并根据检查情况予以补充		
17	检查备品备件，保证电压互感器、站用变压器熔丝和其他熔丝完好、足够		
18	全面检查站内车辆，加足油，严禁病车上路		
19	应急生活用品等后勤准备充足		
备注			
填写要求：执行结果"√"代表正常；"○"代表异常，并在备注栏内填写异常情况			

（3）污水泵、潜水泵、排水泵检查维护。

1）定期切换。切换前，应先检查水泵电源指示灯亮，水池内无杂物且水位正常，切换开关在"自动"位置。切换时将切换开关切至"手动"位置，按下"启动"按钮，检查水泵是否运行正常，按下"停止"按钮，水泵停止运行，然后再将水泵切换开关切至"自动"位置。

2）检查维护：

a. 定期清理池内杂物、漂浮物等。

b. 检查水泵、电动机启动柜零部件应齐全完好。

c. 检查电源指示灯、压力表、真空表、电压表、电流表、电度表指示应正确。

d. 检查水泵运转过程中无异振，无异常声响。

e. 每季对启动柜进行除尘。

五、注意事项

（1）台风、洪水等灾害发生时，禁止巡视灾害现场。灾害发生后，如需对设备进行巡视，应制订必要的安全措施，得到设备运维管理单位批准，并至少两人一组，巡视人员应与派出部门之间保持通信联系。

（2）工作中发现的问题应及时处理，必要时联系专业机构处理。

（3）工作完毕及时修正更新变电站防汛物资台账等记录。

项目二十

独立微机防误装置设备命名更改

一、相关知识点

独立微机防误装置在现场有两种形式：独立式、独立微机防误装置与后台微机一体化式。在独立微机防误装置与后台微机一体化上更改时，需在后台进行操作修改；在独立式微机防误装置更改时，需在微机防误装置上更改。

二、作业前准备

（1）根据现场防误装置工作要求准备符合要求的存储介质。

（2）调度部门下达正式间隔命名文件。

（3）需改命名的间隔在退运状态。

（4）微机防误装置运行正常。

（5）需要厂家技术支撑的及时与厂家技术人员联系，必要时到现场提供技术支持。

（6）在更改前做好统计工作，制作、审核、签字批准更改设备命名逻辑表，防止错改、漏改。

三、作业步骤

（1）备份微机防误装置软件数据。

（2）根据相关说明和规程进行间隔命名修改操作。

（3）使用电脑钥匙自学功能更新电脑钥匙数据与主机数据同步一致。

（4）备份已修改微机防误装置软件数据，并标注备份日期、变电所、修改内容。

（5）备份的新微机防误装置软件数据拷贝到存储介质中，并上传到专用数据服务器或刻盘备份。

（6）更改防误台账，注明更改原因。

（7）用电脑钥匙到改命名的间隔对所有编码锁进行锁码检查。

（8）更换改命名的间隔编码锁标示牌。

四、DY-Ⅲ南瑞后台防误装置间隔命名修改操作步骤

（1）先退出系统做数据备份，备份 Fjnt 文件夹："C：\ Fjnt"。

（2）运行 C：\ Fjnt \ Bin \ FjPara. exe 参数库编辑软件，程序运行后会出现一个用户口令登录窗口，如图所示：

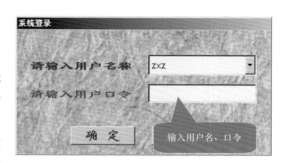

输入用户名，口令正确且该用户具有修改数据库权限，则进入参数设置窗口，如下图所示。

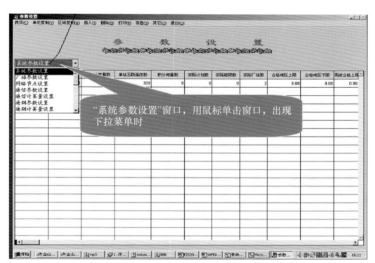

（3）点击"设备参数设置"设置"设备名称"，查找所要更改设备命名的设备。更改结束后退出系统设置界面。

（4）电脑钥匙同步数据库：将电脑钥匙进入"菜单"→"管理数据库"→"同步数据库"，然后将电脑钥匙放在充电座上即可。修改 C：\FJNT\FJWF\

fjwfformat2. ini，将其中［init］类里的"convert＝yes"改为"convert＝no"。然后将五防 PC 机里的监控程序关闭，运行 C：\ FJNT \ FJWF \ Simulate-Screen. exe。点击"电脑钥匙下装"按钮即开始下装数据库。待电脑钥匙显示"数据库下装结束"即表示更新成功。

五、注意事项

（1）工作前应备份微机防误装置软件数据，已免操作失误软件数据损坏丢失，或数据版本混乱。

（2）工作必须两人进行。

（3）工作结束后应做好总结工作，便于以后相同工作流程的提炼，保证工作质量和进程，尤其厂家技术人员现场指导情况下。

項目二十一

独立微机防误装置的维护、
消缺，锁具维护更换

一、相关知识点

独立微机防误装置按其种类作用大致分为：

（1）电码锁：具有电接点和编码片的电气锁具，通过接通或断开电气控制回路，对电气设备进行闭锁的器件。主要对用于断路器或电动隔离开关等设备的电气控制回路进行闭锁。

（2）闭锁盒。

（3）手动操作机构上安装的机械编码锁。

（4）手动操作机构上安装的固定锁。

（5）用于临时接地线、地线头、地线桩上装设的机械编码锁。

（6）门锁把的闭锁机械编码锁。

（7）锁销闭锁机械编码锁。

（8）状态检测器：反映电气设备的操作机构合、分位状态的机械附件。主要用于对机械编码锁进行闭锁的设备有防"空程序"要求的场合。

二、作业前准备

（1）准备备用的机械编码锁、编码卡、闭锁盒等备品。

（2）准备十字螺钉旋具、一字螺钉旋具、抹布、除锈剂等工具。

三、作业步骤

为了保证防误装置的完整性、良好性，在日常工作中应定期检查、维护：

（1）检查内容：锁具及附件安装牢固、无锈蚀现象、锁具开启灵活、编码锁编码片完好、有接线回路的接线可靠正确、检查闭锁盒门关闭牢靠。

（2）一般常见的维护有：

1）机械编码锁锈蚀导致锁具开启和挂取卡涩：使用除锈喷剂在锈蚀部分除锈，然后使用回丝擦净，添加润滑剂，反复进行开启或锁具挂取，直至灵活位置。

2）闭锁盒盒盖变形不能关闭：暂无备品时，可用透明胶布临时处理，记录备案待备品到时更换。

3）锁具固定部分生锈脱焊：除锈、焊接、上漆。

4）锁具固定部分螺栓松动：使用工器具拧紧或更换垫片防止振动引起松动。

（3）独立微机防误装置的锁具更换：

1）闭锁盒更换：使用螺钉旋具拧下闭锁盒固定螺栓，再取下旧盒上的编码片安装到新闭锁盒上，最后安装固定新闭锁盒。使用电脑钥匙试验开启试验正常。

2）当机械编码锁机构不灵活或损坏时，需更换机械编码锁。更换方法：取下该机械编码锁的编码片或照原编码片重做一个编码片，再用螺栓固定到一个好的备用机械编码锁中，同时将原机械编码锁的设备标牌取下装到新锁上。

3）机械锁故障时，取出编码片，更换新的锁具即可，同时将原机械编码锁的设备标牌取下装到新锁上。

4）当电编码锁接触不良时，需更换电编码锁。电编码锁的更换方法同机械编码锁，更换后请注意重新接线，按图纸接线。

四、注意事项

（1）焊接、油漆工作时必须两人进行，工作前应做好防火工作。

（2）作业过程中严禁操作设备。

项目二十二

监控自动化设备带电清洗

一、相关知识点

监控系统自动化设备带电清洗主要是指对运行中的监控后台机、远动装置、测控装置及相应辅件进行设备不停电情况下清洗，不影响设备正常运行，以达到改善设备运行工况的目的。

二、作业前准备

（1）作业前开展充分踏勘，了解设备运行工况，摸清设备线缆走向，确定危险点，做好相应防护措施。

（2）作业前应准备所需资料图纸和仪器仪表，配置带电清洗机、离子风机、吹吸枪等专用清洗工器具。

（3）作业前工作人员应穿好防静电服、防静电鞋、防静电手套，戴防尘口罩、安全帽等安全用具。

（4）作业前先核对清洗设备型号名称、安装屏柜等，防止走错间隔。

（5）作业前记录设备运行参数（如温度、湿度、电阻等），并确保设备接地情况良好。

三、危险点分析及预控

（1）严禁走错间隔，误清洗其他设备，工作时需有专人监护。

（2）清洗过程中使用合格的绝缘清洗剂、专用的清洗工具，防止出现燃烧和闪络现象。

（3）工作中严禁发生二次回路短路、接地以及人员低压触电事故。

四、作业步骤

（1）带电清洗前，在机柜层间和机柜底部布置防静电毛巾，使清洗留下的污染物落在其上，最后抽走，保证机柜及地面整洁，如图所示。

布置防静电毛巾吸收污垢

（2）使用吹吸枪进行物理除尘，清洁设备内部和横梁、散热口、模块间隙处、走线槽、线缆接头、裸露接插件及机柜死角部位的灰尘，如图所示：

设备物理除尘

（3）使用无尘离子风枪对设备进行静电消除，恢复设备正常的静电电压值。

（4）使用带电清洗机对设备进行化学除尘，通过自上而下的"雾状喷淋"让清洗剂充分浸润和乳化污垢，使灰尘相互绝缘悬浮易于清理，如图所示：

设备化学除尘

（5）对设备内深层部位，采用专用喷枪延伸管深入开展双向侧面清洗，再以"柱状喷射"进行彻底清洗，清洗过程中用红外测温仪进行温度监测，将温差控制在 $5 \sim 10℃$ 之间，如图所示：

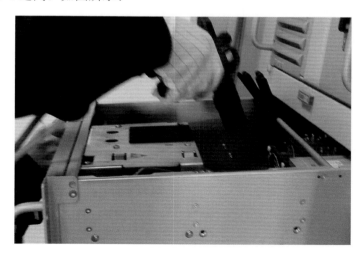

设备深层部位清洗

（6）用表面清洗剂对机柜内外进行全面清洁，防止机柜上的灰尘等污染物对设备造成再次沾染，如图所示：

机柜全面清洁

（7）清洗完成后，认真检查设备运行状态，确定设备恢复正常运行。

（8）检查设备清洗效果，设备内部较清洗前明显干净明亮，运行噪声明显降低，如图所示：

设备清洗前

设备清洗后

五、注意事项

（1）考虑到设备运行重要性差异，工作前应先确定设备清洗顺序，降低整体风险。

（2）搬运、装卸工器具注意安全，防止损坏设备和压伤人，严禁敲打、乱碰等野蛮施工行为，工作中应加强现场监护。

（3）因清洗工作出现异常情况，须先暂停清洗，排查原因并处理后视情况开展下一步工作。

（4）负责人应检查清洗过的机柜、设备、线缆、机架、内部模块、线路板等部位，确定无污垢、干净整洁。

（5）工作完成后，完成现场清理并有序退场。

項目二十三

消防、安防、视频系统主机除尘，电源等附件维护

一、相关知识点

灰尘对计算机、消防主机等电子设备的影响很大，对一些精密设备和接插件的影响尤其明显。对于长期通电运行的设备，由于静电原因，设备板卡和元器件很容易吸附并聚集大量的灰尘，灰尘会阻塞散热孔，覆盖散热器，造成散热不均，CPU等元件产生的热量难以有效释放出去，造成内部温度过高，使电脑运行速度减慢，工作不稳定，元器件寿命大大缩短，甚至会导致主板短路。

通过对计算机设备除尘清理维护可以增强机箱的散热能力，减少噪声，降低能耗，降低故障的发生率，提高工作效率，有效延长设备使用寿命，保障设备持续、安全、稳定、健康运行。

二、作业前准备

工作前应准备以下工具：十字螺钉旋具、平口螺钉旋具、擦拭布（或纸巾）、油漆刷数个、吹气球、润滑油，有条件的最好还要准备小型的吸尘器。螺钉旋具要带磁性，方便主机内部螺栓的拆除和安装；油漆刷的金属部分要用绝缘胶带包扎好，防止清理时损伤元器件。

工作如需停用相关装置，影响远方监视和控制功能的，工作前需向运维站主控室和监控中心申请；必要时切断消防、安防系统远方上传信号，防止工作时信号影响监控，并告知运维站主控室和监控中心。

三、危险点分析及预控

（1）清理消防控制主机时，应尽量不关闭电源，保持主机在工作状态，如需关闭电源，应尽量控制工作时间，尽快恢复，防止工作时发生火警未能及时发现处置。

（2）安防主机等设备存在较高电压，工作时应检查电源断开，防止工作时发生触电或设备短路接地。

（3）工作时存在设备误报警、误出口危险，应加强监护，防止误碰。

四、作业步骤

（1）计算机主机清理：

1）首先关闭计算机，断开电源，拔下机箱后侧的所有外设连线。

2）用螺钉旋具拧下机箱后侧的螺栓，取下机箱盖。不少品牌机机箱盖已经取消机箱盖的螺栓，改为卡扣，应根据不同机箱型号采用不同的方法打开，必要时查阅说明书。打开机箱盖后，将主机卧放，使主板平放。

3）如果机箱内所积灰尘不多，无需将主机拆解，就可以用油漆刷、吹气球、小型吸尘器等工具轻扫灰尘。清扫时，要注意将主板、内存、扩展槽、板卡的灰尘一一清扫干净，特别是 CPU 风扇附近，会积累较多的灰尘，要特别注意清理仔细。

4）对于积尘特别严重的主机，就需要将主机解体清理：

a. 拔下插在主板上的各种接线插头。在拆卸电源插头、SATA、音频线、风扇电源线等线缆时，要注意插头上小塑料卡，捏住它然后向上直拉即可拔下插头，不能野蛮施工。拔下这些插头时应做好记录，如插接线的颜色、插座的位置、插座插针的排列等，以方便还原。

b. 用螺钉旋具拧下条形窗口上沿固定插卡的螺栓，然后用双手捏紧接口卡的上边缘，竖直向上拔下接口卡。

c. 将硬盘、光驱和软驱的电源插头沿水平方向向外拔出，数据线的拔出方式与拔电源线相同，用十字螺钉旋具拧下驱动器支架两侧固定驱动器的螺栓，取下驱动器。拧下机箱后电源的四个螺栓，取下电源。

d. 将内存插槽两端的卡扣向外扳动，松开内存条，并取下。拆卸 CPU 散热器时，需先按下散热片的金属弹片，并让弹片脱离 CPU 插座的卡槽取出 CPU 散热器，有的散热器也采用螺栓固定的方式。松开 CPU 槽旁边的金属棍，就可以取出 CPU，取 CPU 时要小心，切记不能弄断弄歪处理器针脚或者损坏主板上的针孔。

e. 拧下主板与机箱全部固定螺栓，将主板从机箱中取出。

f. 清洁主板及各零件。用油漆刷先将主板表面的灰尘清理干净，CPU 插槽上分布着很多弹簧触片，切记不要用毛刷清除上面的灰尘，以免毛刷对弹簧触片造成损坏，可用吹气球吹去里面的灰尘。清洁 CPU 风扇时，用小十字螺钉旋具拧开风扇上面的固定螺栓，拿下散热风扇，用较小的油漆刷轻拭风扇的叶片及边缘，然后用吹气球将灰尘吹干净，再用刷子或湿布擦拭散热片上的积尘。注意不要弄脏了 CPU 和散热片的结合面间的导热硅胶。清理机箱电源，风扇卡涩、转速异常、噪声大时，还应对 CPU 或电源风扇加润滑油。

g. 清理空机箱的灰尘，并用潮布擦拭干净。

h. 全部零配件清理完毕后，先将主板装回机箱，然后 CPU、内存、散热器、卡板、驱动器、电源全部装回，连接好电源线、数据线等。

5）检查无误后，通电、试开机，检查电源风扇、CPU 风扇、各信号灯运行正常后关机断电源，复装机箱盖后将主机机箱后的各连接线接上，再开机，检查系统运行正常。

（2）电源清理维护：

1）先拧开机箱后部的电源固定螺栓，拔下主板上的电源线，从机箱上将电源取下。

2）电源拆开前应先断电放置 30min，使其电容元件放电。将外壳用油漆刷清扫干净，然后取下锁定外壳的四颗小螺栓，顶盖即可打开，取外罩时要把电线同时从缺口处撬出来。

3）清扫电路板及元器件上面的灰尘，各元件之间的缝隙也隐藏有灰尘，所以需要小心操作，不能过于用力损坏元件。散热风扇是清扫的重点，电源内部的大部分灰尘都集中在风扇上面，并且还会有部分灰尘吸收水分而结成垢。用毛刷清理后，最好用湿毛巾再进行擦拭，必要时将风扇拆下清理，并加润滑油。

4）检查各滤波电容，有无漏液、鼓肚变形等情况，如有，应视情况严重程度安排更换。

5）灰尘清理干净后，将风扇装回，装好电源外壳，并安装回主机内，还原各电源接口。注意应固定牢固，防止安装不牢固引起主机振动。

（3）风扇加润滑油：

1）取下主机 CPU 风扇、电源风扇或其他装置的散热风扇后，平放，标签面向上，揭下不干胶标签，一般会看到一块黑色橡胶小盖，将其取下之后，就能看到风扇的轴承和线圈。

2）为防止过多的润滑油污染电源内部，可以用螺钉旋具或木棍等蘸上润滑油，点在风扇轴承处即可，不能加太多，一般 2～3 滴即可。加油后，用手轻轻拨动风扇叶片促使润滑油的浸润。

3）用面巾纸擦干净加油口，盖回橡胶盖，贴回不干胶，防止灰尘进入。

4）装回风扇，连上风扇电源线，通电测试。

（4）消防主机等装置清扫：

1）消防主机等设备清扫电路板时，要小心细致，防止工器具损伤电子元件。

2）路由器、编码器、解码器、摄像头控制器等装置一般不拆开清扫，清扫时，要清理装置进风口防尘罩，防止进风口的海绵堆积大量灰尘，导致进风不良，并清扫出风口。

3）需拆开清扫时，要事先断开电源，打开装置后，尽量避免直接用手接触元器件，防止大容量电容放电。装复后，检查装置风扇、指示灯运行情况，功能正常。

4）必要时，清理装置风扇并加润滑油。

五、注意事项

（1）在质保期内的计算机主机等设备建议不要擅自打开机箱进行清洁，以免在保修期内失去保修的权利。如确有需要除尘维护，可联系特约维修人员进行。

（2）工作完毕应及时开启各装置、主机、计算机电源，并检查系统工作状态，核对远方信号和图像，恢复上传安防、消防信号，并汇报监控中心。

（3）拆解电源时一定要注意，机内可能存在高压静电，动手前先拔除电源线并静置 30min 以上，使其充分放电。

（4）工作时穿着棉质衣物，操作前接触接地的金属物体释放身体上的静电，宜戴防静电手套或使用防静电手环，防止损坏设备。

项目二十四

消防设施器材检查维护

一、相关知识点

消防安全是变电站安全运行的重要环节。根据规范变电站消防系统由报警系统、灭火系统和防火封堵组成。

变电站的消防报警系统由探测系统和联动控制系统组成，探测系统由烟感探测器、温感探测器、烟温复合式探测器、可燃气体探测器、红外对射探测器、感温电缆、信号输入模块、手动报警按钮等组成。针对不同的保护区域设置不同的探测器，实现对不同类型的火灾探测采集探测系统的火灾报警信号，发出火灾声光信号。在满足灭火条件情况下，自动启动或手动启动相关的灭火设备，关闭相应的防火阀，切断非消防电源。系统具有采集全变电站内的建筑物和电气设备的火灾信号，并根据火灾情况启动相关的灭火设备，驱动警铃或声光报警器，发出火警信号，并可以根据要求将火灾信号上传到运维站主控室和监控中心。

变电站灭火系统分水喷雾灭火系统、合成型泡沫喷雾系统、气体灭火系统和移动式灭火系统。

变电站一般配置消防主机、各类灭火器、消防沙箱、消防栓、消防泵、主变压器喷淋装置、烟感装置、消防铲、消防桶等。

变电站防火封堵设置范围：变压器室、电缆夹层、所有设备的进出线端口和电缆穿越的建筑物洞口。封堵系统由防火门、防火阀、防火包、防火板、有机和无机防火堵料、防火涂料等组成。

为确保变电站消防设施、设备工作状态正常，消防器材完好有效，能在紧急情况下发挥作用，根据相关管理规定，需对变电站消防设施、器材进行定期检查维护。

二、作业前准备

工作前应准备《变电站消防设施、器材台账》《变电站消防平面布置图》等资料；准备手套、撬棒、防火泥、安全帽、对讲机、抹布等工具；必要时切断消防系统远方上传信号，防止工作时信号影响监控，并告知运维站主控室和监控中心。

三、危险点分析及预控

（1）工作时存在误动消防设施、误报警、误出口危险，应防止误碰消防主机出口按键、喷淋启动阀等。

（2）工作时存在被电缆盖板及工器具砸伤、跌落的危险，应由两人及以上一起工作，并可靠放置好翻起的电缆盖板等物品，电缆盖板翻起后由专人监护，及时恢复，防止人身伤害。

四、作业步骤

（1）检查 SP 泡沫喷淋室，室内照明完好，氮气罐、泡沫存放罐外壳无变形，各连接管道无破损，罐体、管道无锈蚀，合成泡沫灭火剂在有效期内，各相出口电磁阀指示在"关闭"位置，并清扫设施。

（2）消防泵房室内各设施外观清洁，消防水泵控制屏运行正常，系统手动启动试验正常，主备消防泵运转正常，消防水源充足，连接管道无明显渗漏、无生锈脱漆，消防管道压力正常，试验消防栓出水情况正常。

（3）检查各室灭火器外观正常，在有效期内，压力在正常范围，灭火器喷射软管应完好，无明显龟裂，灭火器编号及操作提示完好。更换不合格灭火器，清扫灰尘，并正确完成设施检查记录。

（4）检查火灾报警控制器无异常报警，处于正常的工作状态，控制机柜上各指示灯指示正确，打印纸充足，打印机能输出结果，系统时间与标准时间相符。

（5）主变压器本体消防设施，主变压器喷淋管道外观良好，无严重锈蚀，主变压器感温电缆连接良好，无断股（主变压器红外感温装置外观良好）。

（6）堆沙室内存沙适当，应干燥，消防桶内存放有适量沙，挂设牢固，摆放整洁；消防铲、消防斧无严重锈蚀，木柄无开裂；消火栓及消防箱，外观良好，无严重锈蚀，阀门开启正常，无严重卡涩，消火栓扳手无破损，无严重锈蚀，水带盘卷齐整，无破损，水枪完整，无破损、锈蚀，各标签无脱落，应清晰。

（7）各室烟感探头工作正常，无报警情况，外观良好，无破损，抽检烟感探头试验正常。

（8）检查防毒面具完好，在有效期内；正压式消防空气呼吸器管路密封良好，压力正常，各机件联接牢固，面罩及目镜完好。

（9）检查消防系统各摄像头工作正常，调节顺畅，画面清晰（必要时擦拭镜头），运维站远方图像切换和调节试验正常。

（10）检查各室电缆进出口、各屏柜防火封堵良好，堵料无脱落现场，如有脱落，需用新料封堵。检查各防火墙完好，无破损。各室门窗完好，"安全出口"指示齐全完好，试验各手报按钮正常。

五、注意事项

（1）工作完毕应及时恢复上传消防信号，并汇报监控中心。

（2）工作中发现的问题应及时处理，必要时联系专业机构处理。

（3）工作完毕及时修正更新消防台账等记录。

项目二十五

GPS 同步时钟系统消缺

一、相关知识点

全球卫星定位系统（global positioning system，GPS），目前广泛应用于变电站内故障定位、故障录波、运行报表统计、事件顺序记录（SOE）、功角测量等，同时也应用于线路纵联电流差动保护和电网综合自动化及各种继电保护装置的同步精确对时。

随着电网自动化、智能化水平的提高，电力系统对统一时钟的要求越来越高，特别是数字化、智能化变电站合并单元等智能装置的出现，数据同步已成为影响电力系统安全稳定运行的重要因素。

GPS 同步时钟系统消缺以上海泰坦 GPS 公司主时钟和 MODEL 365 扩展时钟 T-GPS-F4、F5 为例进行简单缺陷的消缺，不涉及设备更换。

二、作业前准备

作业前熟悉图纸和回路，了解缺陷情况，根据缺陷情况选择准备下列工器具：万用表、线手套、螺钉旋具、《GPS 同步时钟系统消缺标准化作业卡》、屏门钥匙、爬梯、光功率计、扳手、对应型号熔丝等。

三、危险点分析及预控

作业前应认真进行危险点分析并采取必要的预控措施，不能简单的认为 GPS 同步时钟系统一般不会涉及保护跳闸等情况发生就随意准备甚至不做准备就进行缺陷处理，往往不经意之间就会发生意外的设备和安全事件。因此，作业前针对现场设备情况进行危险点分析仍是非常重要的，一般情况下可以从以下几方面进行分析和预控：

（1）工作中误拉合时钟电源空气开关。尤其是在同一屏上有两套同步时钟装置时，加强监护，防止误拉合正常时钟装置电源空气开关而对正常运行设备造成影响。

（2）发生低压触电事故。在拉合装置电源空气开关和回路检查时，注意人身安全，防止低压触电。

（3）登高作业注意人身安全。在检查处理小室屋顶 GPS 天线时，应加强监护，做好必要的安全防护措施，防止在登高作业过程中发生人身坠落事故。

（4）防止光信号灼伤眼睛。在检查光纤传输回路是否正常时，用光功率计进行检测，防止光纤口的光信号灼伤眼睛。

（5）误拔掉正常 GPS 输出光纤。在检查主 GPS 时钟和 GPS 扩展时钟屏间光纤时，防止误拔其他扩展时钟光纤。

四、作业步骤

（1）主时钟显示异常处理。

主时钟的异常缺陷处理往往可以根据主时钟面板显示的信息进行判断分析处理：

主时钟面板

1）正常时显示状态：

a. 正常显示的含义：

MODE：GPS 表示当前的工作模式是 GPS 模式。

PWR1：代表电源 1 输入电源正常。

PWR2：代表电源 2 输入电源正常。

LOCKED：表示设备已跟踪并锁定 GPS。

VS：表示可视的卫星数量。

TS：表示正在跟踪的卫星数量。当接收卫星数量大于 10 颗时，显示冒号"："。

Ant OK：表示 GPS 天线正常。

DOP：表示定位精度。显示屏有时显示 Ant OK，有时显示 DOP，这是正常现象。

b. 正常运行状态指示：

MODE：GPS LOCK。

PWR1、PWR2 指示灯亮绿色。

LOCKED 灯亮绿色。

VS、TS 的卫星数量一般不小于 4 颗。

2）首先应判断主时钟是否存在死机或假死现象。主时钟受到意外干扰或程序出错时，有时会出现死机或假死现象，如指示异常、乱码、不能操作等，一般情况下可以通过电源重启解决问题。

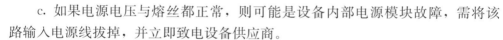

3）检查核对故障时钟系统，确认装置对时异常。检查装置面板信号灯指示，排除装置电源故障。PW1 或 PW2 电源指示灯不亮处理：

a. 用万用表检查输入电源的电压。如电压异常，请检查供电回路。

b. 如果电压正常，则检查与 PW1 或 PW2 相对应的熔丝是否正常。如熔丝熔断，更换同规格熔丝即可。

c. 如果电源电压与熔丝都正常，则可能是设备内部电源模块故障，需将该路输入电源线拔掉，并立即致电设备供应商。

d. 注意开关正确关断的方法：先把开关把手向外拔出，再向下拨即可。这个电源有防误操作设计，不能直接向下拨，否则会造成开关损坏。

4）"LOCKED"指示灯不亮。出现液晶屏显示正在跟踪的卫星数量 TS 少于 4 颗的情况处理方法：

检查 GPS 天线输入状况

a. 检查液晶屏是否显示 ANT（OPEN）ANT OPEN 表示天线回路存在断路故障）。需要检查天线电缆回路。

b. 如果收星数量很少，而另外一台主时钟收星正常，则需要检查 GPS 天线安放情况。GPS 天线安装位置一般在楼顶，四周没有高大建筑物遮挡，附近没有微波天线或空调室外机等强电磁场干扰。

c. 检查天线端子接头部分是否正常：端子是否拧紧，天线及端子是否进水等。

d. 检查天线防雷器是否正常：天线防雷器一般装在主时钟屏内下部，用万用表检测防雷器的孔芯和表面的阻值，正常为无穷大。

e. 必要时考虑将两台主时钟的天线对调来确定故障点（主时钟断开天线后具有良好的守时性能，可以保证短时间内时间精度正常）。

5）液晶屏显示"INITIALIZATION IN PROCESS"状况时的设备重启处理：

a. 将设备电源关闭。

b. 将设备后部信号输出端子接线做好标记并全部拔掉，光纤口的光纤也要拔掉。

c. 请致电设备供应商技术人员进行专业处理。

（2）扩展时钟异常处理。

1）正常时显示状态

a. 正常显示的含义：

电源显示：装置接通电源时灯亮。

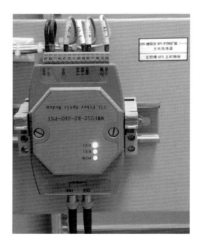

秒脉冲指示：秒脉冲对时。

B码信号输入：本机当前时间基准信号来源。

b. 正常运行状态指示：

电源指示：常亮。

"1PPS"秒脉冲指示：闪烁。

IRIG-B1、IRIG-B2：其中之一亮。

2）显示屏不亮异常处理：

a. 检查电源指示灯是否正常。

b. 如果电源指示灯不亮，检查输入电源是否正常。

c. 如输入电源正常，则检查设备后部的熔丝是否熔断。

d. 如以上检查结果均正常，则是设备内部故障，需致电设备供应商。

3）输入信号监视 IRIG-B1 或 IRIG-B2 异常处理：

a. IRIG-B1 信号异常表示第一路输入信号丢失，IRIG-B2 信号异常表示第二路丢失。检查主时钟至扩展时钟的信号输入回路。

b. 在主时钟屏内，主时钟与扩展时钟通过信号线直接连接。先检查主时钟的信号输出，如果信号正常，则检查信号线是否正常。再检查扩展时钟信号输入接线端子是否拧紧，在输入接线端子处用万用表直流电压挡检测电压是否正常，正常电压为－2.0～＋2.0V。

c. 在扩展时钟屏内，主时钟与扩展时钟通过光纤信号传输，在扩展屏内用光电转换器转为电信号接至扩展时钟。

d. 首先检查光电转换器信号输出是否正常，再检查光纤口是否有光信号（最好用光功率计检测，注意不要直视光信号，会对眼睛造成伤害），再检查光纤传输回路（包括光缆熔接点检查、光纤跳线等），最后检查主时钟的光信号输出。

4）扩展时钟输出信号异常或丢失异常处理：

a. 检查与负载设备对时的信号类型，根据图纸找到信号输出端子接线，检测信号是否正常。

b. 更换至备用输出端子或将信号输出线接至另一台扩展时钟的相同信号输出处，观察是否恢复正常。

c. 检测该台设备的其他信号接口是否有负载设备告警，若多个设备均出现对时异常告警信号，则可以确定为设备输出模块故障，应致电设备供应商进行专业处理。

五、注意事项

（1）工作中应防止直流接地等情况发生。

（2）严格按照《GPS同步时钟系统消缺标准化作业卡》进行消缺作业，防止盲目作业。

（3）至少有两人工作，相互监督和互帮互助，防止高处跌落发生人身伤害事故。

（4）工作结束前应对所有对时设备进行检查，检查所有接线和光纤连接正确可靠，所有被对时设备对时正确。

南瑞继保 RCS 系列保护装置重启

一、相关知识点

继电保护装置的安全可靠是确保电力系统安全与稳定运行的保障，继电保护装置故障可能会导致保护误动、拒动，给电力系统安全带来极大的安全隐患。在对保护装置进行重启操作前，应弄清楚保护装置电源和操作箱电源接线情况，做好相应的安全措施，防止保护装置误动出口误跳运行断路器。

二、作业前准备

保护装置重启前，应使用合格正确的操作票将保护改至停用。工作前，应准备合格并经批准的《保护装置重启标准化作业卡》和对应保护屏门钥匙。

三、危险点分析及预控

（1）工作时误入其他间隔，误重启其他保护装置：工作中应加强监护，防止误入其他间隔。

（2）未按调度令或相关规定正确投退保护：装置重启前，应检查核实保护已经退出或按相关规程规定投退保护。

（3）误拉合同屏其他保护装置电源空开：工作中应提高警惕，防止误拉合空开。

四、作业步骤

（1）准备合格操作票：准备将纵联保护由"跳闸"改为"信号"和由"信号"改为"跳闸"操作票。

（2）核对保护间隔正确，根据操作票将对应纵联保护由"跳闸"改为"信号"状态。

（3）检查确认装置电源空开或背板电源开关位置。

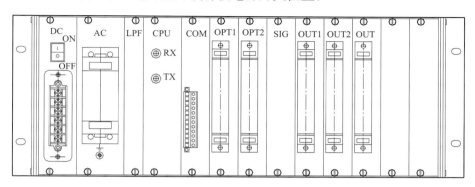

端子布置图（背视）

从装置的背面看，第一个插件为电源插件。

（4）拉开装置直流电源空开或将背板电源开关"I/O"由"I"切至"O"位置。

（5）等待 15s，然后合上装置直流电源空开或将背板电源开关"I/O"由"O"切至"I"位置。

（6）等待装置重启成功，检查装置"运行"，"充电"灯指示正确。

（7）检查装置液晶屏幕主画面显示时间，潮流，定值区，对时正常。

（8）按装置面板 '↑' 键进入主菜单，通过"↑""↓""→""←""确认"和"取消"键选择子菜单。进入"装置状态"子菜单，查看装置交流采样，开入状态，自检状态是否正常。

（9）按装置"复归"按钮或"信号复归"按钮，复归保护。

（10）按复役操作票将纵联保护由"信号"改为"跳闸"，并检查确认保护装置无异常，后台无异常告警信息，做好 PSMS 操作记录。

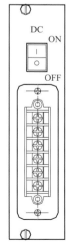

装置电源插件

装置正常运行状态

五、注意事项

（1）严格按照《保护装置重启标准化作业卡》进行装置重启操作，防止盲目重启操作。

（2）严格执行操作监护制度，防止误碰、误操作、误整定"三误"事故。

（3）装置重启后要确认保护装置无异常，后台无任何告警信息。

（4）注意北京四方保护装置的电源板件开关在前面，关合电源板件开关需按下前面板两侧按钮，打开面板进行关合重启。

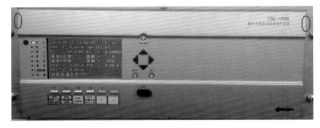

项目二十七

保护定值修改（南瑞继保 RCS 系列）

一、相关知识点

每套保护装置均配有不同的定值区，并由定值大小和动作时间区别开来，具体选择哪组定值区需由调度端根据系统运行方式决定。定值区选择正确与否，关乎故障切除快慢，也关系到系统的安全与稳定，定值区的修改必须由相应调度发令执行。

二、作业前准备

作业前应准备进行保护定值修改的相应操作票、调度下发的保护定值新整定单、合格并经批准的《保护定值修改标准化作业卡》、打印纸和对应保护屏门钥匙。

三、危险点分析及预控

（1）工作时误入其他间隔，误修改其他保护定值：工作中应加强监护，防止误入其他间隔。

（2）未按调度令或相关规定正确投退保护：切定值区操作或改变保护定值前，应检查核实保护已经退出或按相关规程规定投退保护。

（3）切换后未打印核对保护定值或定值区：定值区切换完毕或定值修改后，要及时打印并核对定值正确，监护人和操作人核实无误后双方签名确认。

（4）对于无法打印的保护定值，应进入装置内部进行检查，双方核对正确无误。

（5）定值固化需装置重启未重启或未退出菜单：定值区切换或定值修改后，退出菜单至正常监视画面，重启保护。

四、作业步骤

（1）准备合格操作票：保护由"跳闸"改为"信号"和由"信号"改为"跳

闸"，无需退出保护者除外。

（2）核对保护间隔正确，保护无异常告警信号。

运行状态

（3）正确执行操作票，保护由"跳闸"改为"信号"状态。

（4）两核对：核对装置版本信息与新整定单版本信息一致，核对整定通知单定值区号与保护当前运行区号不一致。

（5）进行定值区切换。

1）方式一：按装置面板"↑"键进入主菜单，选择"整定定值"子菜单，通过"↑""↓"选择"保护定值"进行定值修改。

2）方式二：按面板"区号"键，然后按"＋""－"键，后按"ENTER"键或"确认"键进行定值修改确定。

（6）根据保护屏提示输入密码"＋""←""↑""－"，再按"确认"，定值修改成功。

（7）重启保护装置，检查装置运行正常。

（8）按装置面板"↑"键进入主菜单，选择"打印报告"子菜单，通过"↑""↓"选择"定值相关"，按"确认"打印新定值清单。

（9）与调度最新下发的整定单核对无误，无误后双方在新整定单上签名，并注明修改日期。

（10）工作结束，恢复安全措施。

（11）正确执行复役操作票，将保护由"信号"改为"跳闸"状态，并检查确认保护装置无异常，后台无异常告警信息。

（12）整理打印的定值单，并清理现场。

（13）做好 PSMS 等相关操作记录登记。

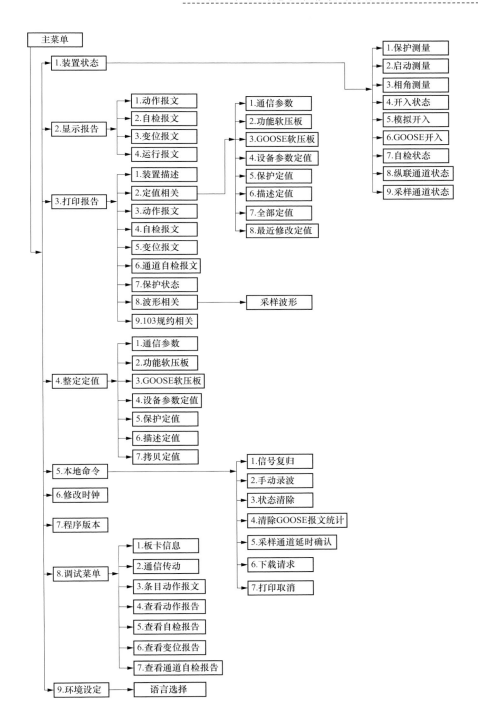

五、注意事项

（1）严格按照《保护定值修改标准化作业卡》进行定值修改，防止盲目操作。

（2）至少有两人工作，严格执行监护制度，防止误碰、误操作、误整定"三误"事故。

（3）定值修改后要确认保护装置无异常，后台无任何告警信息。

项目二十八

微机保护逆变电源更换（通用）

一、相关知识点

在微机保护装置中，逆变电源是保障保护正常运行工作的重要部件，在运行过程中，逆变电源长时间的工作、原件缺陷、抗干扰能力差、使用寿命影响等现象经常造成逆变电源故障。逆变电源故障会造成保护不能正常工作，严重时造成保护拒动或误动作。因此，逆变电源故障时应尽快处理和更换。

二、作业前准备

当发现逆变电源故障需要更换时，首先应准备与更换的逆变电源型号、额定电源电压一致并经试验合格外观良好的逆变电源，准备好更换电源用的工器具（拆装工具、绝缘胶带、万用表、兆欧表、标签纸、记号笔等）、劳动防护用品。

三、危险点分析及预控

逆变电源更换前应对安全风险进行充分必要的分析评估，确保更换工作安全进行。逆变电源的更换往往会出现以下主要风险：

（1）分析更换逆变电源时对其他设备正常运行的影响。虽然在调度许可工作前，调度对运行方式会做相应的调整，但现场运检人员也应对现场设备运行情况进行了解和分析，防止在更换电源板时影响其他设备的正常运行，避免其他设备正常运行时误动作或拒动作。比如线路高频闭锁保护，在线路正常运行时本侧更换逆变电源时，除了本侧保护改信号运行外，还要求对侧保护也改信号，防止本侧电源失去时对侧保护区外故障误动作。

（2）分析在插拔电源插件或模块时对相邻插件或模块的影响。比如需要拆除相邻接线或插件时，应防止电流回路开路、电压回路短路、直流接地等，做好必要的安全措施。

（3）当需要更换逆变电源的保护装置与其他运行的保护装置共用一路电源空气开关时，应有防止同一共用一路电源空气开关的其他保护失电的措施。有这种情况时，一般要求向调度申请停用同一共用一路电源空气开关其他保护。否则在更换好逆变电源后接入正式电源前上电前，应用其他临时电源进行试验确认工作正常后才能接上正式电源。

四、作业步骤

更换电源板严格按照安全作业规程和作业指导卡进行作业。

（1）安全措施。做好与运行设备安全绝缘隔离的各项措施，防止工作中误碰运行设备造成直流接地、电流回路开路、电压回路短路，更换逆变电源的保护装置必须改信号运行，必要时对出口压板、出口回路做进一步的安全隔离措施，同时应注意做好同一屏上的其他运行设备的安全隔离措施。对于更换逆变电源插件需要涉及其他回路拆解时，安全措施必须现场进一步分析工作中可能出现的各种问题，确保安全措施到位。

（2）逆变电源安装更换。在做好安全措施后，断开电源空气开关或熔断器（与其他保护装置公用电源回路时，不能断开电源空气开关，应有防止其他保护装置失电的措施，宜在端子排上拆开装置的电源接线，并做好安全措施），之后进行逆变电源插件的更换安装工作，应注意当更换的电源插件上有开关时，开关位置宜在断开位置，在插入新的电源插件之前，应再次核对新插件与老插件的型号、额定电源电压、接线等一致，外观良好。

（3）绝缘检查。在更换安装逆变电源后上电前，为了防止电源板本身绝缘问题或更换过程中绝缘损坏，上电前应进行绝缘检查，要求绝缘电阻不小于$50M\Omega$。绝缘合格后检查电源无短路现象，之后方能进行上电检查。

（4）上电检查。逆变电源上电后，检查逆变电源工作正常，后台无异常告警信号，保护装置工作正常，无异常。之后进行逆变电源拉合试验：在正常负荷电流、电压下，连续断开、合上电源开关几次，"运行"绿灯应能相应地熄灭、点亮，在拉合过程中合上的开关不跳闸、在保护装置上和监控后台上无保护动作信号、保护装置失电或异常、电源故障，否则应进行进一步的检查试验或重新更换。

（5）对于收发信机的电源上电检查，应进行多次通道交换试验，通道交换试验应正常，否则应进一步的检查试验或重新更换电源插件甚至进行联调试验。

（6）安全措施恢复，工作结束。装置正常工作后，恢复安全措施，结束工作。

（7）后续检查。在装置恢复正常运行后，前 3 个月是逆变电源故障的高发期，运行人员应加强观察巡视。

五、注意事项

（1）逆变电源更换前确认逆变电源空气开关已断开，更换过程中应注意避免对相邻插件或模块的影响。

（2）严禁带电插拔电源板件，严禁随意用手直接触碰新的逆变电源板件，防止人体静电感应对板件的损伤。

（3）逆变电源更换后，要试合几次逆变电源板空气开关，确认装置工作正常。

（4）拧紧螺栓等固件，防止接触不良。

项目二十九

保护装置更换电源板
（北京四方公司 CSC 系列）

一、相关知识点

每套保护装置均由多个不同功能的插件组成，经装置电源插件逆变输出＋5V、±12V、＋24V 给保护装置其他插件使用，保护装置的电源插件则尤其重要。

二、作业前准备

保护装置电源板更换前，应使用合格正确的操作票将保护改至停用。工作前，应准备合格并经批准的《保护装置更换电源板标准化作业卡》、万用表、螺钉旋具、线手套、对应的保护屏钥匙。

三、危险点分析及预控

（1）工作时误入其他间隔：工作中应加强监护，防止误入其他间隔。

（2）未按调度令正确投退保护：更换保护装置电源板之前，应检查核实保护已退出。

（3）带电插拔电源板件：严禁装置未断电情况下直接插拔电源板件。

（4）装置相关附件松动：电源板更换后应紧固螺栓并检查，防止电源板接触不良。

四、作业步骤

（1）准备合格操作票及备品备件：准备纵联保护由"跳闸"改为"信号"和由"信号"改为"跳闸"操作票及合格的装置电源板备品。

（2）核对间隔正确，根据操作票将纵联保护由"跳闸"改为"信号"。

（3）再次检查确认新的保护电源板外观无异常，各元器件无松动或明显损坏等。

（4）按下前面板两侧按钮打开前面板，关闭保护装置电源板空开，拔出电源板件。

（5）核对新旧电源板铭牌，包括型号、工作电压及输出电压等是否一致。

（6）关闭新电源板电源开关，并按原电源板插槽插入新电源板，检查并确认安装牢固。

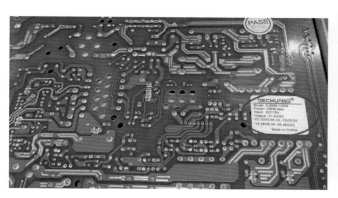

（7）合上装置电源空气开关，关合电源板开关几次，检查电源板上各电压指示灯指示正常。

（8）工作结束，收拾整理更换的故障电源板件，并清理现场。

（9）根据操作票将纵联保护由"信号"改为"跳闸"，并检查确认保护装置无异常，后台无异常告警信息。

（10）做好 PSMS 等相关操作记录登记。

五、注意事项

（1）更换电源板前确认装置电源已断开，纵联保护已由"跳闸"改为"信号"状态。

（2）严禁带电插拔电源板：严禁随意用手直接触摸新的电源板，防止人体静电感应对板件的损伤。

（3）多个插件同时更换时，要注意标记各个插件的标号和位置。

（4）电源板更换结束后，要试合几次电源板电源，确认装置工作正常。

（5）拧紧螺栓等固件，防止接触不良。

项目三十

测控装置更换电源板
（北京四方公司 CSI 系列）

一、相关知识点

测控装置要完成在监控子系统中的遥测量，包括电流、电压、有功、无功、频率等；遥信量如一次设备断路器、隔离开关、接地闸刀等的位置状态；遥控命令，如断路器，隔离开关、挡位调整等命令的接受与执行等。当测控装置 CPU 检测到本身装置硬件故障时，则会闭锁相应的出口，同时输出告警信号。

二、作业前准备

准备故障测控装置遥控出口压板操作票、合格并经批准的准备《测控装置更换电源板标准化作业卡》、万用表、螺钉旋具、线手套、相应测控屏门钥匙。

三、危险点分析及预控

（1）工作时误入其他间隔：工作中应加强监护，防止误入其他间隔。

（2）带电插拔电源板件：严禁装置未断电情况下直接插拔电源板件。

（3）装置相关附件松动：电源板更换后应紧固螺栓并检查，防止电源板接触不良。

四、作业步骤

（1）向相关调度自动化申请工作开始，说明对测控装置重启会造成遥测、遥信数据丢失，要求封锁故障测控间隔数据。

（2）核对间隔正确，根据操作票取下间隔遥控出口压板，将测控屏上远方/

就地切换开关切至就地位置，以免造成断路器误动，工作前断开相应隔离开关交流操作电源小开关，以免造成隔离开关误分合。

（3）再次检查确认新的电源板外观无异常，各元器件无松动或明显损坏等。

（4）按下前面板两侧按钮打开前面板，关闭测控装置电源板空气开关，拔出电源板件。

（5）核对新旧电源板铭牌，包括型号、工作电压及输出电压等是否一致。

（6）关闭新电源板电源开关，并按原电源板插槽插入新电源板，检查并确认安装牢固。

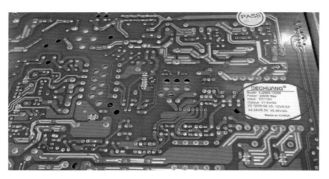

（7）合上装置电源空气开关，关合电源板开关几次，检查电源板上各电压指示灯指示正常，后台信号指示正常，数据无跳变。

（8）接通现场开关端子箱内相关隔离开关交流操作电源小开关，根据操作票投入遥控出口压板，将本间隔测控屏上的远方-就地切换开关切至远方位置，放上测控屏上的开关分合闸出口压板。再次检查确认测控装置无异常，后台无异常告警信息。

（9）汇报网调、省调、市调自动化，测控装置重启工作结束，并与各级调度核对遥测、遥信数据无跳变。

（10）汇报省监控，测控装置重启工作结束，告警信号已复归。

（11）向相关调度自动化汇报工作结束，开放数据锁存。

（12）做好 PSMS 等相关操作记录登记。

（13）更换结束，收拾整理更换的故障电源板件，并清理现场。

（14）清理现场。

五、注意事项

（1）重启低抗、电容器等具备自动投切功能的测控装置前后，应先与省监控联系要求将 AVC 功能抑制或恢复。

（2）作业前向省调和网调自动化申请工作开始。

（3）严禁带电插拔电源板：严禁随意用手直接触摸新的电源板，防止人体静电感应对板件的损伤。

（4）多个插件同时更换时，要注意标记各个插件的标号和位置。

（5）电源板更换结束后，要试合几次电源板电源，确认装置工作正常。

（6）拧紧螺栓等固件，防止接触不良。

（7）测控装置故障重启前，失去信号采集和遥控操作功能，运行人员加强监盘，同时安排人员到本测控装置对应间隔的一次设备和保护屏进行巡视检查，发现异常，及时汇报。

（8）更换后测控装置有任何故障时或画面不刷新时，需及时退出该装置出口压板。

（9）更换后当测控装置处于故障状态且未退出口压板时，严禁对装置进行复位或重新上电操作。

項目三十一

高频收发信机更换电源板

一、相关知识点

微机保护与高频收发信机配合构成闭锁式或允许式高频保护，并由高频通道将两侧保护联系起来，为确保收发信机和高频通道完好，需定期启动两侧收发信机进行高频信号交换，在检查通道过程中，能及时发现通道设备和高频收发信机的一般故障，只要及时处理，就能保证装置正常运行。

二、作业前准备

高频收发信机电源板更换前，应使用合格正确的操作票将纵联保护改至信号。工作前，应准备合格并经批准的《高频收发信机更换电源板标准化作业卡》、万用表、螺钉旋具、线手套、对应的保护屏钥匙。

三、危险点分析及预控

（1）工作时误入其他间隔：工作中应加强监护，防止误入其他间隔。

（2）未按调度令正确投退保护：更换收发信机电源板之前，应检查核实保护已退出。

（3）带电插拔电源板件：严禁装置未断电情况下直接插拔电源板件。

（4）装置相关附件松动：电源板更换后应紧固螺栓并检查，防止电源板接触不良。

四、作业步骤

（1）准备合格操作票及备品：准备好对应纵联保护由"跳闸"改为"信号"和由"信号"改为"跳闸"操作票及合格的收发信机电源板备品。

（2）核对保护间隔正确，根据操作票将保护由"跳闸"改为"信号"。

（3）再次检查确认新的收发信机电源板外观无异常，各元器件无松动或明显损坏等。

（4）关闭收发信机电源板空气开关，拧下电源板四角的螺栓，拔出电源板件。

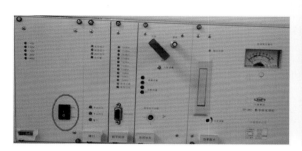

（5）核对新旧电源板铭牌，包括型号、输入及输出电压等是否一致。

（6）关闭新电源板电源开关，并按原电源板插槽插入新电源板，拧紧电源板四角的螺栓，检查并确认安装牢固。

（7）合上装置电源空开，关合电源板开关几次，检查电源板上各电压指示灯指示正常。

（8）进行高频通道测试，确认收发信机工作正常。

（9）再次检查确认收发信机工作正常，后台无相关告警信息，更换后应观察一段时间，若存在频繁发信现象，应重新更换电源板，直到恢复正常。

（10）工作结束，收拾整理更换的故障电源板件，并清理现场。

（11）根据操作票将纵联保护由"信号"改为"跳闸"，并检查确认保护装置无异常，后台无异常告警信息。

（12）做好 PSMS 等相关操作记录登记。

五、注意事项

（1）更换电源板前确认装置电源已断开，纵联保护已由"跳闸"改为"信号"状态。

（2）严禁带电插拔电源板，严禁随意用手直接触摸新的电源板，防止人体静电感应对板件的损伤。

（3）多个插件同时更换时，要注意标记各个插件的标号和位置。

（4）电源板更换结束后，要试合几次电源板电源，确认装置工作正常。

（5）拧紧螺栓等固件，防止接触不良。

项目三十二

故障录波器定值修改、重启

一、相关知识点

故障录波器用于电力系统，可在系统发生故障时，自动、准确地记录故障前、后过程的各种电气量的变化情况，通过对这些电气量的分析、比较，对分析处理事故、判断保护是否正确动作、提高电力系统安全运行水平均有着重要作用。

二、作业前准备

作业前需准备《故障录波器定值修改标准化作业卡》《故障录波器装置重启标准化作业卡》、调度最新整定单、对应屏门钥匙。

三、危险点分析及预控

（1）工作时误入其他间隔：工作中应加强监护，防止误入其他间隔。

（2）工作前未向调度申请：故障录波器定值修改、装置重启前，未向调度申请工作开始。

（3）无最新整定单：在进行故障录波器定值修改时，应携带调度新下的正确的整定单。

（4）工作结束未向调度汇报。

四、作业步骤

（1）故障录波器定值修改：

1）核对间隔正确，根据工作票正确选取故障录波器。

2）打开系统，选取定值修改菜单。

3）按最新整定单要求，依次修改各参数，如控制参数、模拟量通道、频率定值、序量定值、开关量通道等参数。

4）修改完毕，点击左上角"保存"，然后点"下载"，定值修改成功。

5）工作结束，清理现场。

6）故障录波器定值修改工作结束后，向调度汇报故障录波器定值修改工作结束，情况良好。

7）做好 PSMS 等相关操作记录登记。

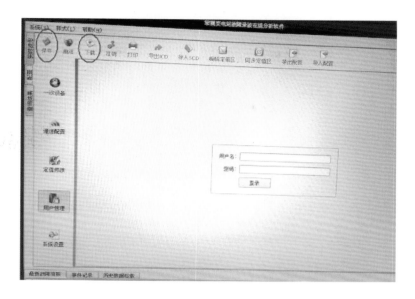

（2）故障录波器重启：

1）核对间隔正确，根据工作票内容正确选取故障录波器屏位。

2）打开系统，点击左上角"系统"菜单，点击"退出"下拉子菜单。

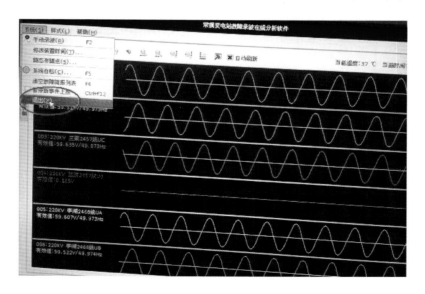

3）装置进入重启状态。

4）按提示要求输入用户名及密码，点击"登录"进入系统，重启成功。

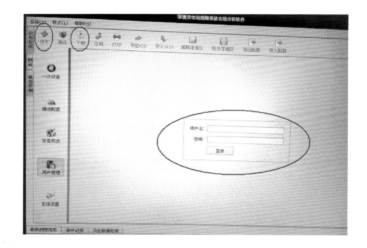

5）工作结束，清理现场。

6）故障录波器重启工作结束后，向调度汇报故障录波器重启工作结束，情况良好。

7）做好 PSMS 等相关操作记录登记。

五、注意事项

（1）工作前核实确认故障录波器屏位，新定值单。

（2）工作前向调度申请工作开始，工作结束后向调度汇报工作结束，并说明设备运行情况。

项目三十三

保 护 差 流 检 查

一、相关知识点

差动保护是根据电路中流入节点（线路两侧、主变压器三侧、母线）电流的总和等于零原理制成的。保护差动电流的变化能反映保护运行工况及相关电流回路运行情况。正常运行时流进被保护设备的电流和流出的电流相等，差动电流等于零。当设备出现故障时，流进被保护设备的电流和流出电流不相等，差动电流大于零。当差动电流大于差动保护装置的整定值时，保护动作，将被保护设备的各侧断路器跳开，切除或隔离故障。

通过保护差动电流检查能及时发现保护装置及相关电流回路存在的隐患，及时排除故障。因此，保护差流检查在运行过程中作为定期和不定期项目非常重要，因检查过程中容易误动运行设备，在检查过程中需要大家重视。

本项目就常用的数字式微机纵联保护差流检查进行讨论，如 CSC-326、RET670、RET521 变压器保护；CSC-103，PCS-931、RCS-931 线路保护；BP-2B 母线差动保护等。

二、作业前准备

保护差流检查前应准备所需的工器具、说明书、安全帽、保护小室钥匙、保护屏柜门钥匙。

三、危险点分析及预控

（1）运行人员不允许进入的菜单功能请勿进入，以防引起装置混乱，保护误动。当运行人员误进入不允许进入的菜单项后，应按 QUIT（C）键退出，不得更改装置内部整定值和功能设置。

（2）至少两人共同作业，工作负责人需由相关资质人员担任。

四、作业步骤

（1）南瑞继保系列线路保护差流检查。

1）R系列线路保护（RCS-931A、RCS-931GM、RCS-931GMV、RCS-931D）：

a. 按向上键进入主菜单。

b. 选中保护状态进入。

c. 选择 DSP 采样值进入。

d. 向下查阅 Icda、Icdb、Icdc，按取消键返回。

2）P系列线路保护（PCS-931GMV、PCS-931GM、PCS-931、PCS931GMM）：

a. 按向上键进入主菜单。

b. 选中保护测量进入。

c. 按向下键查阅通道 A 补偿后差流 A 相、B 相、C 相，按取消键返回。

（2）国电南自系列保护差流检查。

线路保护（PSL-603U、PSL-603UW、PSL-603GA）：

1）PSL-603U：激活触摸屏，右上角按"主菜单"进入主界面，右上角按"监控页"进入监控画面，按"驻留"可暂停画面切换，直接查阅 I_a 差流、I_b 差流、I_c 差流。

2）PSL-603UW、PSL-603GA：按"Q"键激活液晶循环显示画面，可分别查阅差流 I_{ca}、I_{cb}、I_{cc}。在循环显示时按"Q"键可固定当前显示画面。

（3）主变压器保护（PST-1201A、PST-1201B）差流检查。

按"Q"键显示画面，可分别查阅差流 I_a、I_b、I_c。

（4）四方公司系列保护差流检查。

线路保护（CSC-103A、CSC-103B）：按"Q"键激活液晶循环显示画面，可分别查阅差流 I_{ca}、I_{cb}、I_{cc}。在循环显示时按"Q"键可固定当前显示画面。

（5）主变压器保护（CSC-326C）差流检查。

按"quit"键激活液晶循环显示画面，可分别查阅大差动差流 DDA、DDB、DDC；分侧差动差流 DYA、DYB、DYC；三角差动差流 DLA、DLB、DLC。在循环显示时按"quit"键可固定当前显示画面。

（6）许继电气系列线路保护（WXH-803A/G5）差流检查。

按向上键进入正常显示界面，直接查阅保护差流值 I_{cdA}、I_{cdB}、I_{cdC}。

（7）长园深瑞系列保护差流检查。

1）线路保护（PRS-753S、PRS-753）：按返回键进入主界面，按＞选择所需差动电流值 I_{da}、I_{db}、I_{dc}、I_{d0}。

2）母线差动保护（BP-2B）：激活面板，即可查阅差流 A、B、C。220kV 母线差动保护需抄录大差电流、Ⅰ母线小差电流、Ⅱ母线小差电流。

（8）ALSTOM 系列线路保护（P544、P546）差流检查。

1）在默认显示下，按"↓"键进入主菜单。

2）按"→"键或"←"键选择菜单功能，选择 MEASUREMENT3。

3）按"↓"键，可查看 Iadifferential、Ibdifferential、Icdifferential、IA Bias、IB Bias、IC Bias。

4）结束后，按键"C"键返回默认显示。

（9）ABB 系列保护差流检查。

1）线路保护（REL561）差流检查：

a. 按"C"键。

b. 按"E"键，选中 Sevice Report（运行报告）。

c. 按"E"键，选中 Functions 后进入 Differential。

d. 按"E"键，选中 DiffValues（差动值）。

e. 按"E"键，可查看 Idiff L1、Idiff L2、Idif L3。

f. 结束后，按下"C"键。

2）ABB 主变压器保护差流检查：

a. RET521 主变压器保护：

（a）按"C"键。

（b）按"E"键，选中 Sevice Report（运行报告）。

（c）按"E"键，选中 Functions（功能）。

（d）按"E"键，选中 TransfDiff（变压器差动）。

（e）按"E"键，选中 Measurands（测量）。

（f）按"E"键，可查看 IdiffL1（A 相差动电流）、IdiffL2（B 相差动电流）、IdiffL3（C 相差动电流）、Ibias（制动电流）。

（g）结束后，按下"C"键。

b. RET670 主变压器保护：

（a）按"TEST"选中"Founctions status"。

（b）选中"Differential protection"。

（c）选中"TransformerDiff3wind（PDIF，87T）"。

（d）选中 T3WPOIF：1，可查看：IDL1MAG、IDL2MAG、IDL3MAG、IDNSMAG（负序差流）、IBIAS（制动电流）。

五、注意事项

（1）保护均在运行，勿误碰屏上小开关、压板、定值区。不允许更改保护定值。菜单结构中运行人员不允许进入的菜单项，不允许进入。

（2）开关保护屏柜门应小心，避免较大振动。

（3）对于线路差流检查应注意容性电流的影响，主变压器纵差差流应注意各种不平衡电流的影响，在检查过程中合理分析后最后得出是否正确。

（4）差流检查宜在各侧电流大于 0.1 倍额定电流或保护要求的最小精确工作电流的情况下进行，防止保护采样值不正确造成差流不正确。

（5）保护差流抄录发现数据偏差较大时应及时分析并汇报。

项目三十四

直流系统单个充电模块更换

一、相关知识点

直流系统充电模块是完成交流转换成直流的工作模块，它将输入的工频交流电经整流滤波后得到直流电压，再通过功率变换器变换成高频脉冲电压，经高频变压器和整流滤波电路最后转换为稳定的直流输出电压。充电机直流系统由于采用积木式组合结构和 $N+1$ 备份方式，可靠性得到大大提高。当运行中电源系统中某一整流模块出现故障时，该模块自动退出，其他模块继续均衡工作，且模块可以带电插拔。由于直流系统蓄电池的存在，充电模块可以短时间退出运行，短时间的充电模块的更换不会对系统的正常运行产生影响，现场充电模块更换较为方便。

二、作业前准备

（1）单个充电模块更换所需工器具：螺钉旋具、直流室钥匙、充电机屏柜门钥匙等。

（2）直流电源单个充电模块更换所需的图纸、说明书。

（3）直流电源单个充电模块更换所需备品，包括经试验合格的直流充电模块一块。

三、危险点分析及预控

（1）使用带绝缘的工具，裸露部分过长用绝缘胶布包好，防止直流系统接地或短路。

（2）戴干燥的线手套，使用带绝缘的工具，工作前先验电，防止人身触电伤害。

（3）清楚直流系统设备接线方式、运行方式，熟练正确操作充电设备的倒闸操作，防止误操作造成直流失电。

（4）作业前需征得省调监控中心同意，告知工作过程中有信号频繁上送。

（5）至少两人共同作业，工作负责人需由相关资质人员担任。

四、作业步骤

（1）需征得省调监控中心同意，要求将信号抑制。

（2）检查充电模块报警和输出，确认故障充电模块。

（3）退出故障模块，断开充电机故障模块前面板交流电源空气开关。

（4）拔出充电机故障模块。

（5）装入备用充电模块，并固定。

（6）接通充电机模块前面板交流电源空气开关。

（7）确认充电机模块工作正常，所有信号显示正确，所带负荷与其他正常模块所带负荷均衡，没有直流系统接地的现象。

（8）汇报省监控，充电机模块更换工作结束，告警信号已复归。

（9）清扫整理现场，检查设备上无遗留工具，恢复正常运行方式。

五、注意事项

（1）仅限于直流系统单个充电模块更换。

（2）工作过程中充电机、直流系统均正常运行，防止直流系统短路、接地。

（3）新的直流充电模块参数与更换充电模块相一致。

项目三十五

监控系统后台机重启

一、相关知识点

监控系统后台机是指监控后台主机服务器、操作员工作站、工程师工作站等计算机类设备。

（1）正常重启：在本机上完成的重启操作。指监控系统站控层计算机设备在操作系统、应用程序正常的情况下，通过工具栏（控制台）菜单选择或终端窗口命令输入完成计算机重新启动。

（2）远程重启：通过同伴机远程登录故障机的方式完成重启操作。指在计算机应用界面菜单或终端窗口上鼠标点击、键盘操作无效的情况下，通过同伴机远程登录来完成计算机重新启动。

（3）关机重启：通过断开设备电源再重新合上电源的方式，完成设备重新启动。

二、作业前准备

（1）明确需重启的监控后台机设备名称、IP 地址、系统节点名。

（2）明确系统登录用户名/密码、超级用户名/密码等资料。

（3）重启前进入系统工况界面，查看当前主从机的分配情况，如果当前需重启机器为主机，则必须点击"主从切换"按钮手动将其切换成从机，然后再执行重启步骤。

三、危险点分析及预控

（1）使用超级用户登录后，严禁误修改后台数据库。

（2）重启前应明确重启目标，核对设备名称、IP 地址、系统节点名，严禁误重启其他设备。

（3）远程登录完成重启后，需在本机上退出相关界面，以免误操作。

（4）断电重启前应尽可能退出系统软件应用，减少硬盘读写量，降低硬盘被损伤概率。

四、作业步骤

（1）南瑞继保 PCS9700 后台机重启方法。

1）重启监控后台软件：

a. 在桌面上右击，选中"工作区菜单"中的"工具"，单击"终端"打开一个终端。

b. 在终端输入"sophic_stop"命令停止后台监控运行，提示行输入"Y"，回车，看到"stop ok"信息后表明后台所有进程已全部关闭。

c. 然后，在终端中输入"sophic_start"命令重启后台监控。

d. 稍等 2min，点击工具条上的按钮进入监控软件，重启完毕。

2）正常重启：

a. 单击打开一个终端，在终端输入"su"命令，密码为"123456"，切换到超级用户下。

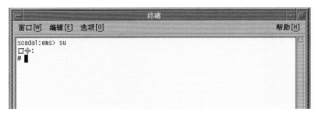

切换到超级用户

b. 然后在 ♯ 号提示符下输入"init 6"重启机器，或"init 5"关闭机器。如下图所示。

输入关机命令

输入重启命令

3）远程重启：

a. 若本机 scada1 死机，无法输入命令，可以在其他节点远程登录到本机，如在 scada2 节点上，打开终端，输入命令"telnet scada1"，回车。

b. 在 login 提示符下输入"ems"，回车，然后输入密码"123456"，回车。

c. 在 scada1 提示符下，输入"su"，密码"123456"，切换到超级用户下。

d. 输入命令"init 6"重启或"init 5"关机。

4）关电重启：若无法远程登录，则长按电源键强制关机，稍等 15s 再长按电源键重启。极端情况可以拉掉机器电源重启，平常情况下不允许按电源键或拉电源重启。

（2）南瑞科技 NS2000 后台重启方法。

1）正常重启：

a. 单击系统控制台上按钮，弹出"退出"对话框，如下图所示。选择退出的方式：

退出控制台：将控制台程序退出。

重新启动：监控系统软件退出后重启机器。

关闭电源：监控系统软件退出后关机。

b. 打开终端后，输入重启命令"REBOOT"回车进行重启，如下图所示。

通过控制台正常重启方式

通过终端正常重启方式

2）远程重启：通过同伴机打开终端，利用"rlogin"远程登录命令登录到需要重启的后台机，登录后在终端上输入"REBOOT"命令，回车后即重启。

3）关电重启：若无法远程登录，通过长按电源键强制关机。

（3）南瑞科技 BSJ2200 后台重启方法。

1）正常重启：

a. 退出所有应用窗口：用鼠标选中应用窗口左上角的"退出"菜单，最后画面上只留下简报信息窗口（Msgwin）和管理窗口（app_mgr），如下图所示。

退出所有应用窗口

b. 系统管理员用户登录：打开命令输入窗口（xterm），点击管理窗口（app_mgr）中右上角的"公章"按钮。

进入超级用户，输入"su"后回车，出现♯号后表示进入了超级用户，输入"♯reboot"命令并回车，系统则重新启动。

2）远程重启：通过同伴机打开终端，利用"rlogin"远程登录命令登录到需要重启的后台机，登录后在终端上输入"♯reboot"并回车，系统则重新启动。

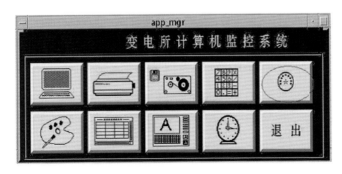

重新登录系统

3）关电重启：若无法远程登录，通过长按电源键强制关机。

五、注意事项

（1）重启时通过指示灯对机器状态进行判断。

（2）重启过程中应注意观察系统加载信息提示，判断服务器硬件工作是否正常。

（3）设备重启过程时间较长，需耐心等待。

（4）重启方式应严格按照先正常重启后异常重启、正常重启中先本地重启后远程重启的次序，避免随意断电重启损伤机器。

（5）观察后台机运行指示灯情况，通过后台画面显示器中接线图、光字牌、各类数据等，确认后台机重启后恢复情况。

项目三十六

测 控 装 置 重 启

一、相关知识点

（1）测控装置是指变电站间隔层用于对本间隔进行监视测量、控制操作的设备，一般可上送遥测、遥信等信息，也可输出遥控、遥调等命令。

（2）重启：通过断开设备电源再重新合上电源的方式，完成设备重新启动。

二、作业前准备

（1）重启前应提交《自动化设备检修申请单》，并已获得许可批复。

（2）重启前向调度自动化值班处汇报工作开始，获得许可后方可开展工作。

（3）重启前先核对间隔双重命名、电源空开命名等，防止走错间隔。

（4）记录重启前空开、压板、操作把手等位置。

三、危险点分析及预控

（1）严禁走错间隔，误重启其他设备，重启前需有人监护。

（2）测控重启前，需退出出口压板，退出出口光纤，以防重启过程中误出口。

（3）测控重启过程中，该间隔数据不上送，主站端需做好相应安全措施。

（4）由于设备老化等原因，重启后测控若不能正常启动，先查看各指示灯，初步定位故障所在，及时汇报并确定下一步消缺方案。

四、作业步骤

（1）重启前，退出本间隔开关、隔离开关遥控出口压板，拔掉出口光纤。

（2）确认装置对应电源开关位置，关电源，稍等 10s 后重新上电。

五、注意事项

（1）重启后观察装置运行指示灯情况，通过观察面板显示数据、后台机间隔接线图显示数据，确认测控装置恢复是否正常。

（2）重启完成后，恢复本间隔开关、隔离开关遥控出口压板及光纤等相关安全措施。

（3）重启完成后，汇报调度自动化值班处工作情况。

项目三十七

远 动 装 置 重 启

一、相关知识点

（1）远动装置负责采集变电站内电力设备运行状态的模拟量和状态量，监视并向调度中心传送这些数据，执行调度中心发往所在厂站的控制和调度命令。

（2）远程重启：通过监控后台机或连接在站控层交换机上的计算机来远程登录远动机，完成重启操作。

（3）关电重启：通过断开设备电源再重合电源的方式，完成设备重启。

二、作业前准备

（1）重启前应提交《自动化设备检修申请单》，并已获得许可批复。

（2）重启前向调度自动化值班处汇报工作开始，获得许可后方可开展工作。

（3）重启前先核对重启远动机型号命名、电源空开等，防止走错间隔。

（4）重启前，确认另一台远动装置运行正常，远动通道连接正常。

三、危险点分析及预控

（1）严禁走错间隔，误重启其他设备，重启前需有人监护。

（2）重启过程中，远动双通道中一通道中断，主站端需做好相应安全措施。

（3）由于设备老化等原因，重启后远动若不能正常启动，先查看各指示灯，初步定位故障所在，及时汇报并确定下一步消缺方案。

四、作业步骤

（1）远程重启：可通过计算机远程重启来实现，同后台机远程重启。

（2）关电重启：关电源，重新上电，观察装置运行灯情况、通道连接情况。

五、注意事项

（1）重启后观察装置运行指示灯情况，通过观察装置面板显示情况、后台系统结构图上通信状况等，确认远动装置恢复正常。

（2）重启完成，汇报调度自动化值班处工作情况。

项目三十八

变电站计算机监控系统历史数据调阅

一、南瑞继保 PCS9700 监控系统

（1）进入检索界面：

1）第一种方法：先通过左击工具栏左下角 💡 或右下角 🔘 进入实时告警窗口，如下图所示。

通过工具栏进入历史检索

然后，点击实时告警窗口的"历史检索"即进入历史检索界面，如下图所示。

进入历史检索界面（1）

2）第二种方法：直接左击运行界面左下角的"开始"，到"应用功能"，在菜单项中直接选择"信息检索"进入，如下图所示。

进入历史检索界面（2）

（2）检索方式：

1）通用检索：进入检索界面后，即进入通用检索窗口，如下图所示。

通用检索方式

在这个界面上，首先在选项卡上选择需要检索的类型（"所有类型""遥信""SOE"等），然后再选择需要检索的时间段，点击"检索"即可，如下图所示。在历史告警的右上方可以选择"上一页""下一页"的切换。

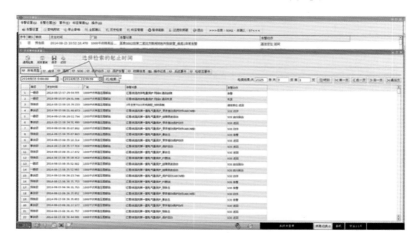

输入检索相关参数

2）特定检索：点击检索页面左上方的"特定检索"，进入特定检索界面。此时窗口左侧多了了"历史事件检索条件"选项窗。在这个窗口可以分别按照起止时间、事件类型（运行事项、系统事件、操作记录）、事件类型（所有类型、遥信变位、遥测越限、SOE 等）、事件等级（一般、预告、事故）、间隔、装置、对象名称、动作名称等分类检索。

二、南瑞科技 NS3000-V8 监控系统

（1）进入检索界面：

1）第一种方法：通过左击工具栏左下角 直接进入告警信息查询界面，如下图所示。

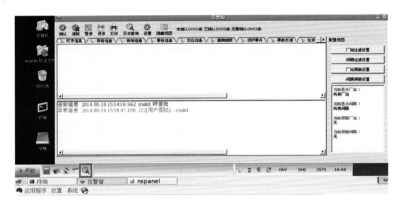

通过工具栏进入检索

2）第二种方法：通过左击工具栏右下角 进入实时告警窗，如下图所示。

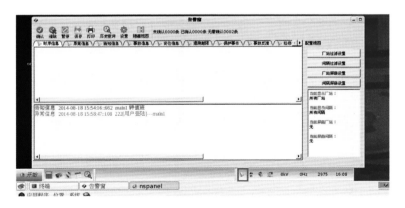

通过实时告警窗进入检索步骤 1

点击告警窗口的"历史查询"即进入告警信息查询界面，如下图所示。

3）第三种方法：直接左击运行界面左下角的"开始"，到"运行软件"，在

菜单项中直接选择"告警查询"进入，如下图所示。

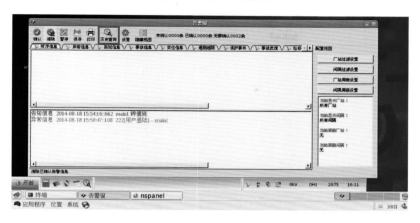

通过实时告警窗进入检索步骤 2

通过开始菜单进入检索步骤

（2）检索方式：

1）通用检索：进入告警信息查询界面后，即可通过查询参数设置进行历史数据查询，如下图所示。

在这个界面上，在窗口右侧有"查询参数设置"，在条件设定中通过点击并选择厂站，选择装置，选择逻辑设备等相关信息后，再确定时间设定中的起始时间与结束时间（建议不要一次性查询时间间隔过大），点击"查询"即可检索，结果如下图所示。

2）特定检索：点击告警信息查询界面的查找，来进行信息的进一步筛选，如下图所示。

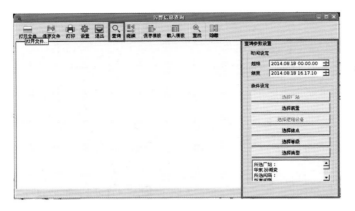

通用检索方式

输入检索相关参数

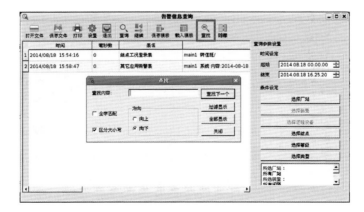

特定检索方式